A Guide Book of Korean Mayflies

한국 하루살이

한국 생물 목록 36
CHECKLIST OF ORGANISMS IN KOREA

한국 하루살이
A Guide Book of Korean Mayflies

펴낸날 2024년 5월 7일
지은이 정상우, 신일권, 박형례, 황정미, 배연재

펴낸이 조영권
만든이 노인향
꾸민이 ALL contents group

펴낸곳 자연과생태
등록 2007년 11월 2일(제2022-000115호)
주소 경기도 파주시 광인사길 91, 2층
전화 031-955-1607 **팩스** 0503-8379-2657
이메일 econature@naver.com
블로그 blog.naver.com/econature

ISBN 979-11-6450-061-1 96490

A Guide Book of Korean Mayflies

한국 하루살이

글·사진 정상우, 신일권, 박형례, 황정미, 배연재

자연과·생태

머리말

하루살이 유충은 다양한 물속 환경에서 살고 성충은 육상 생태계로 나와 짧은 기간을 지내며 번식하고 죽는다. 이처럼 물속이 주 서식처이기 때문에 우리나라 물환경 변화를 살피면 하루살이의 분포와 서식 현황 변화도 알 수 있다.

지금 하천은 산책로와 자전거 도로 등 친수시설과 제방 같은 방제시설을 만들며 자연스럽던 과거와 달리 수량과 흐름이 변했다. 이런 변화는 다양한 물속 생물의 터전을 파괴해 생물다양성을 감소시키고 있다. 하루살이 역시 예전에는 많았던 종이 이제는 거의 찾아볼 수 없는 희귀종이 된 사례도 있다. 사람이 물 없이 살아가지 못하는 것처럼 하루살이 역시 물환경이 변하면 절멸하기도 한다.

사람들은 주변에 하루살이가 함께 살고 있다는 사실을 잘 모르거나 알더라도 그다지 호감을 갖지 않는다. 오히려 하천 개발로 서식처가 좁아지자 성충이 일순간에 대발생해 인가나 상가의 불빛에 날아오는 일이 잦은 탓에 더욱 꺼리기까지 한다. 그러나 하루살이는 우리나라 물환경과 자연생태계에 없어서는 안 될 구성원이다. 하천의 불순물을 제거해 주는 청소부이자 다양한 물속 동물의 먹이원이기 때문이다. 모두가 잘 알듯이 먹이 불균형이 생기면 생태계는 파국에 이른다. 즉 하루살이가 사라진 하천은 결국 죽고 만다. 그 영향이 사람에게까지 미칠 것도 당연하다.

이 책이 하루살이의 종류와 생태, 자연에서의 역할을 이해하는 데에 도움이 되고, 나아가 하천 생태계 보전을 비롯한 자연환경 보전에 조금이나마 긍정적인 영향을 미치길 기대한다. 마지막으로 사진 편집에 도움을 준 안제원 연구원과 표본을 대여해 준 고려대학교 부설 한국곤충연구소 및 국립생물자원관에 감사한 마음을 전한다.

2024년 5월 **저자 일동**

일러두기

- 2023년까지 한반도에서 기록된 하루살이 83종에 대한 정보를 실었다.
- 국명과 학명은 『국가생물종목록 Ⅲ. 곤충』(2019년)과 『한국곤충명집』(2021년)을 기준으로 삼았다.
- 유충 검색표를 제시했으며, 종 단위까지 명확한 특징을 정리하지 못한 분류군은 속 단위 검색표를 실었다.
- 본문은 유충 검색표에서 제시한 특징 위주로 설명했으며, 성충이 확인된 종은 함께 실었다.
- 생태 사진을 확보하지 못한 종은 고려대학교 부설 한국곤충연구소와 국립생물자원이 소장한 표본을 촬영해 실었으며, 표본조차 확보하지 못했거나 북한 기록 등 실체 확인이 어려운 종은 문헌 자료에 근거한 설명만 적었다.

차례

우리나라 하루살이 연구 흐름

한반도에 분포한다고 기록된 하루살이는 14과 36속 83종이다. 그중에 7종인 다람쥐하루살이, 발톱하루살이, 산처녀하루살이, 백두하루살이, 배점하루살이, 깊은골하루살이, 깊은산하루살이는 남한에서 발견되지 않고 있으며, 세뿔등딱지하루살이, 얼룩뿔하루살이, 수리하루살이 3종은 매우 드물거나 지역 멸절된 것으로 보인다. 2019년에 강모래하루살이, 2023년에 짧은꼬리하루살이가 기록되어 현재 남한에는 총 75종이 사는 것으로 파악된다.

한반도 하루살이 연구는 1940년 일본 학자 이마니시(Imanishi)가 시작했으며, 우리나라 하루살이 연구는 1971년 미국 학자 알렌(Allen)이 1915년(서울), 1952년(서울), 1960년(강릉)에 채집된 표본으로 4종을 기록한 것이 시작이다. 이후 1980년대부터 지금까지 국내 연구자들은 다양한 과 및 종에 대한 분류학적 및 생태학적 연구를 수행하고 있다.

1988년 문교부에서 펴낸『한국동식물도감 제30권 동물편(수서곤충류)』에서 처음으로 국내에 서식하는 하루살이가 전반적으로 보고되었으며, 이어서 검색표를 제시한 1995년『수서곤충 검색도설』로 하루살이는 전문가 및 대중에게 알려지기 시작했다. 그리고 환경부 국립생물자원관이 2010년 대한민국 생물지 발간사업을 통해『한국의 곤충 제6권 1호 하루살이류(유충)』을 발행하며 우리나라에 사는 하루살이 유충을 도판과 함께 소개했다.

하루살이는 일생의 대부분을 물속에서 지내기 때문에 초기에는 유수생태계와 정수생태계의 먹이사슬, 수온에 따른 기후변화 연구, 환경변화에 따른 건강성 평가 등으로 생태학 연구가 먼저 이루어졌으며, 이어서 세부적인 종 분류를 위한 종 발굴과 검토 및 계통학 연구가 수행되었다. 다른 분류군과 달리 유충을 주로 다루기에 연구가 더디게 진행되고 있으나 앞으로 분류체계를 더욱 명확히 정립해 분류학, 생태학, 응용학 연구가 한 걸음 더 나아가길 기대한다.

1988년,
『한국동식물도감 제30권 동물편(수서곤충류)』

1995년,
『수서곤충 검색도설』

2010년,
『한국의 곤충 제6권 1호 하루살이류(유충)』

형태 및 생태

하루살이 성충은 대개 날개가 2쌍이며, 겹눈 2개, 홑눈 3개, 짧은 더듬이 2개가 있다. 입과 소화기관이 있으나 제 기능을 못한다. 수컷은 대개 암컷보다 겹눈이 크며 앞다리가 길다. 일부 과에 속한 종의 수컷은 눈 색깔이 두 가지로 나뉘어 보인다. 날개는 막질이며 앞날개는 삼각형이고 뒷날개는 작고 둥글다. 꼬마하루살이과, 등딱지하루살이과, 갈래하루살이과와 같은 몇몇 분류군에 속한 종은 앞날개만 있고 뒷날개는 줄어들었거나 없다. 날개맥은 계통마다 다르며 과를 구분하는 형질이 있다. 꼬리는 2개 또는 3개이며 대개 몸길이만 하거나 그 이상으로 길다. 완전한 성충과 달리 아성충은 날개가 불투명하며 날개 가장자리의 강모 유무, 배 부분 색깔, 꼬리 길이, 수컷의 앞다리 길이에서 성충과 차이가 있다.

성충과 달리 유충의 생김새는 매우 다양하며 섭식 방법 및 서식처를 반영하기 때문에 종을 구별할 때 성충보다 더 중요한 형질이 나타난다. 성충과 마찬가지로 겹눈과 홑눈이 있으며, 크기가 다양한 더듬이가 있다. 날개가 달리는 위치에 바깥쪽으로 둥근 날개주머니가 있으며, 다리 끝에 발톱이 있다. 대개 날개주머니 색깔(검은색)로 종령 유충을 구별할 수 있다. 배는 10마디이며, 첫 번째 배마디는 잘 보이지 않는다. 배는 대개 가늘고 길며 각 마디 옆에 후측돌기가 있다. 기관아가미는 배마디 옆에 붙어 있으며, 판 모양, 나뭇잎 모양, 실 모양 등 생김새가 다양하다. 꼬리는 2개 또는 3개로 짧거나 길며, 짧은 강모와 긴 털이 있거나 없다.

하루살이목(Ephemeroptera)이라는 이름은 하루 정도를 산다고 해서 붙여졌다. 그리스어인 에페메로스(Ephemeros; 하루 동안 유지하는)와 프테론(Pteron; 날개)의 합성어이며, 영어권에서는 하루만 산다고 해서 데이플라이(Dayfly), 5월에 많이 보인다고 해서 메이플라이(Mayfly), 물고기의 주된 먹이라고 해서 피쉬플라이(Fishfly) 등으로 불린다. 하루살이는 남극대륙 및 내륙과 단절된 외

맵시하루살이 수컷 아성충

연못하루살이 암컷 성충

하루살이 유충 형태 (예: 뿔하루살이)

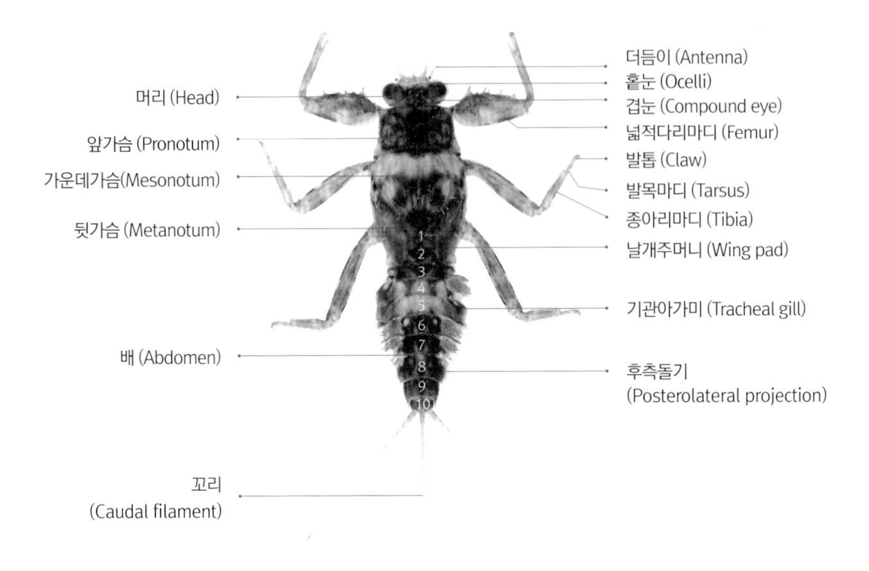

하루살이 유충 머리 윗면과 아랫면 형태 (예: 뿔하루살이)

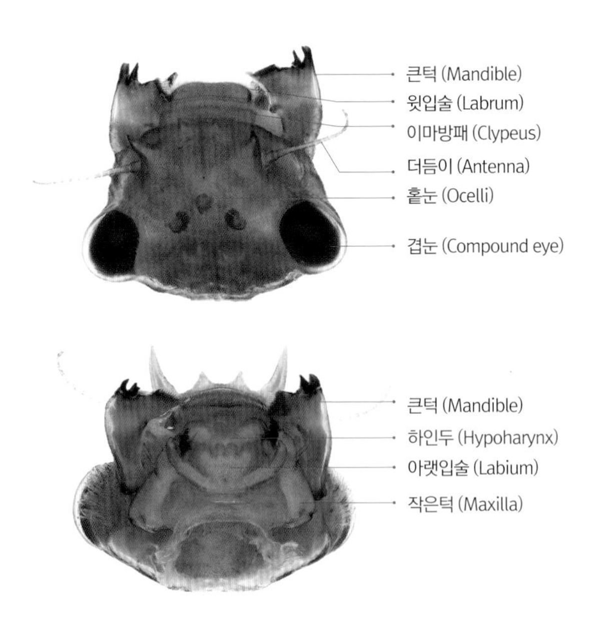

하루살이 성충 형태 (예: 동양하루살이)

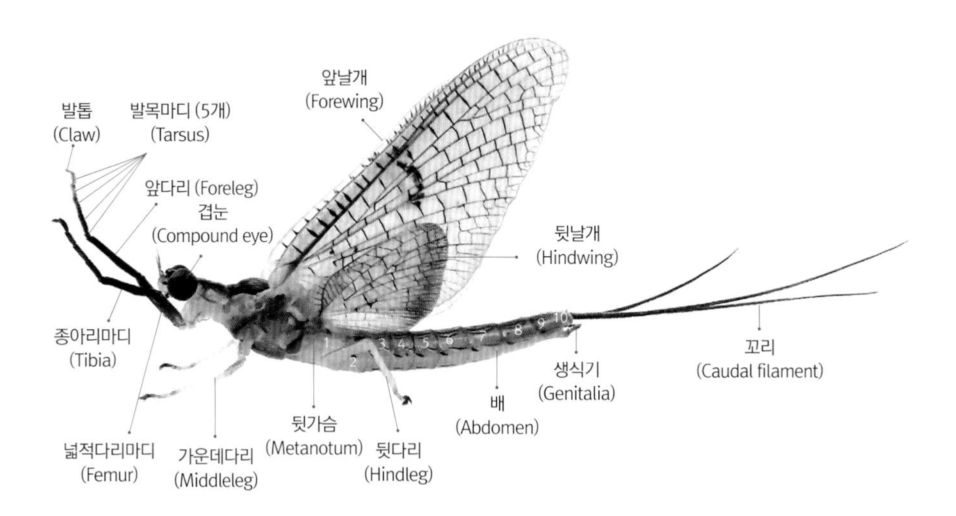

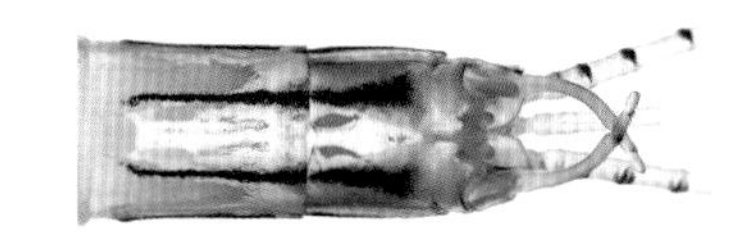

수컷 생식기 (아랫면)
(Male genitalia, ventral view)

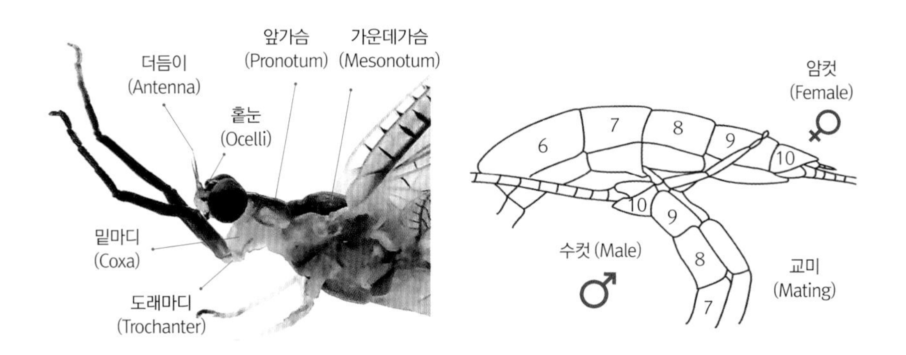

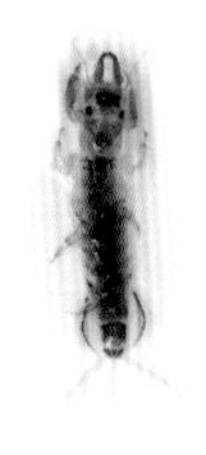
흰하루살이 유충

흰하루살이 암컷 아성충

딴 섬 일부를 제외한 거의 모든 지역에 산다.

유충은 물속에서만 살며 성충은 물 밖으로 나와서 날아다닌다. 번데기 시기가 없는 불완전변태를 하며 알-유충-아성충-성충 단계를 거친다. 아성충은 색깔이 불투명하며, 환경에 따라 몇 분에서 며칠 동안 지낸 뒤에 완전한 성충으로 탈바꿈한다. 모든 종의 아성충 날개와 몸에는 물에 젖지 않는 강모가 있어서 표면 장력에서 벗어날 수 있다.

유충은 종에 따라 10~50번 탈피하지만, 대부분 종은 15~25번 탈피한다. 탈피 과정과 횟수는 주변 환경과 온도 변화에 따라 다르다. 유충에서 성충으로 탈바꿈하면, 수컷은 물가 근처에서 무리 지어 불규칙하게 오르내리고(수직 비행) 암컷은 주로 해 질 녘에 그들 사이를 수평 비행하며 수컷 한 마리를 선택해 짝짓기한다. 수직 비행을 하는 대부분 종과 달리 맵시하루살이는 원형 군무(Swarming)를 펼친다. 암컷은 주로 수면에 알을 낳지만 일부 종은 물속으로 들어가 알을 낳는다. 암컷은 종에 따라 알을 50~10,000개 낳고 생을 마감한다. 분류군마다 차이가 있지만 알은 3~25℃ 범위에서 부화하며, 수온 편차에 따라 발달 기간이 결정된다. 보통 짝짓기를 통해 번식하지만, 연못하루살이와 흰하루살이 같은 경우는 처녀생식(무성생식)을 한다.

대부분 생활사가 1년 1세대이지만, 꼬마하루살이과의 일부 종은 1년 다세대이며, 2년 1세대인 종도 있다. 이런 종의 성충은 잠자리 같은 육식성 곤충이나 새, 물고기 등의 중요한 먹이가 된다. 성충은 대부분 5월부터 출현하지만, 기온에 따라 3월부터 보이기도 하며, 흰하루살이는 장마 이후 늦은 9월에 많은 수가 나타난다. 성충은 입이 퇴화해서 수분을 약간 섭취하는 것 말고는 먹이를 먹지 않으며 오직 번식하는 데에 힘을 쏟는다.

하루살이 유충은 1급수에서 3급수까지 살며, 4급수 이하 오염된 수질에서는 살지 못한다. 유수역과 정수역에 사는 종의 형태가 다르고, 오염 내성에 따라 사는 종이 달라 수질 환경 지표종으로도 활용된다. 기관아가미로 호흡하며 서식처 환경에 따라 아가미 형태가 다르다. 유충은 주로 주워먹는무리(Collectors)와 긁어먹는무리(Scrapers)로 바닥에 가라앉은 이물질과 부착 식물 등을 먹는다. 하루살이과의 일부 종은 굵은 앞다리로 모래를 파고 들어가서 지내며, 몇몇 분류군은 조개껍데기 안쪽에 기생하기도 한다.

하루살이는 아열대 지역으로 갈수록 종 다양성이 증가하고, 극지방으로 갈수록, 고도가 높을수록 감소한다.

예전에 국내에 분포했지만 지금은 매우 드물게 보이거나 절멸되었다고 판단되는 종들도 있다. 암컷들이 하천 상류로 올라가 알을 낳지만 상류에서조차도 오염, 물 부족, 빛 공해 등으로 번식이 쉽지 않다. 생존을 위한 발악처럼 대발생하는 현상도 빈번하다.

하루살이 생활사

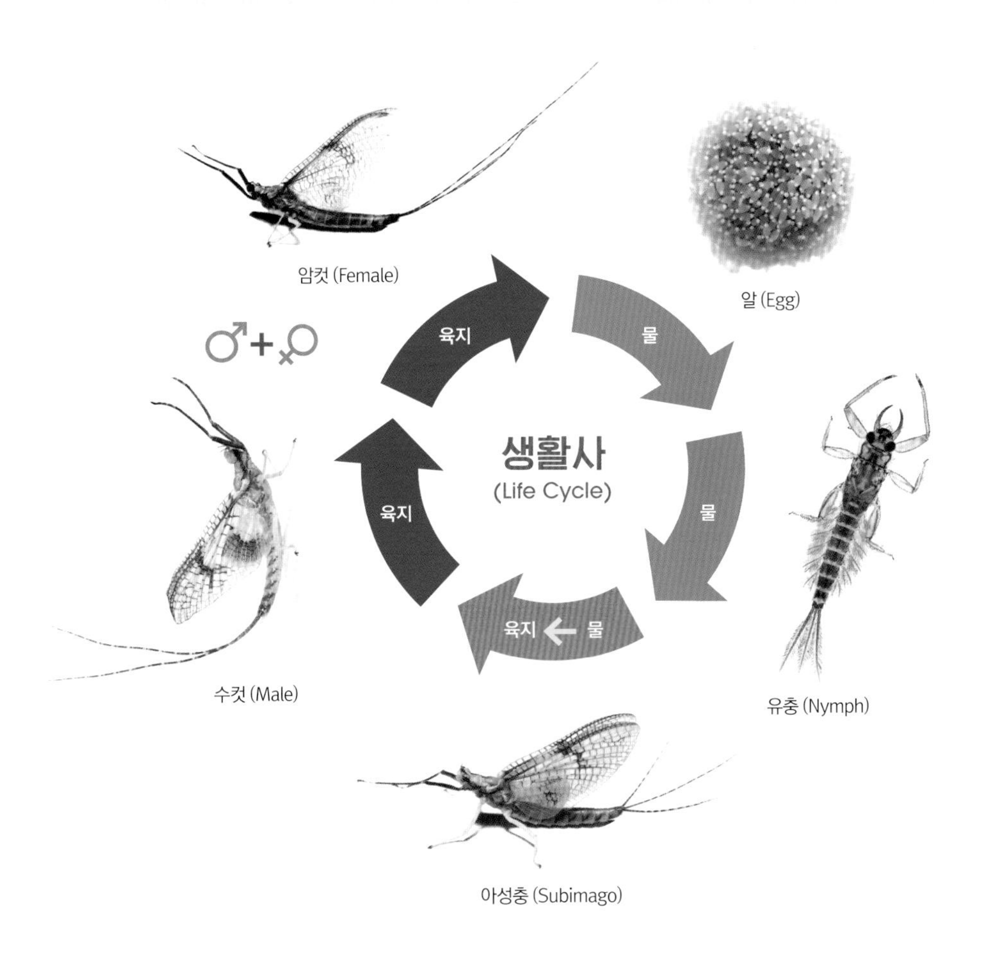

서식처 및 채집 방법

유충 서식처는 크게 유수생태계와 정수생태계로 나뉜다. 유수생태계는 흐름이 있는 하천, 정수생태계는 물이 고인 습지나 저수지를 말한다. 미소서식처로 구분해서 보면, 물살이 빠른 여울지역(riffle), 흐름이 있는 평여울(run), 흐름이 없는 소(pool)로 구분된다. 더 나아가 수초지대, 나뭇잎, 모래, 자갈, 이끼가 깔린 곳 등 으로 세분하기도 하며, 고도나 하천 바닥의 기질에 따라서도 구분한다. 대부분 담수에 살지만 일부 종은 기수역에도 산다.

성충은 유충 서식처에서 크게 벗어나지 않는다. 주변의 수초나 나뭇잎 아래쪽에서 쉬는 것을 볼 수 있다. 다만, 성충이 되면 상류 쪽으로 이동하려는 습성이 있어서 본래 서식처와 다른 곳에서 보이기도 한다.

하루살이 유충을 채집할 때에는 대개 둥근뜰채(hand net)를 이용한다. 핀셋으로 직접 채집하기도 하며, 때로는 하천정량채집망(surber net), 사각뜰채(aquatic kick net) 등으로 정량채집하기도 한다. 성충은 포충망이나 빛에 날아오는 습성을 이용해 유인등을 활용해 채집한다.

유충과 성충 모두 몸이 연약해서 온전한 표본을 원한다면 부드러운 핀셋으로 한 개체씩 채집해 보관하는 게 가장 좋다.

유충과 성충의 표본은 70% 또는 80% 에탄올에 보관한다. 너무 농도가 짙은 에탄올에 넣으면 완전히 탈색되어 형질 관찰이 어렵다. 장기간 보관하려면 글리세린과 에탄올 적정량을 혼합해 사용한다. 성충은 건조표본으로 만들기도 한다.

하천

습지

계곡

나뭇잎 쌓인 곳

둥근뜰채를
이용한 채집

사각뜰채를
이용한 채집

야간장비를
이용한 채집

생태사진 촬영

한반도산 하루살이 목록 (14과 36속 83종)

	하루살이목	Order Ephemeroptera
	갈래하루살이과	**Family Leptophlebiidae**
1	세갈래하루살이	*Choroterpes (Euthraulus) altioculus* Kluge, 1984
2	두갈래하루살이	*Paraleptophlebia japonica* (Matsumura, 1931)
3	여러갈래하루살이	*Thraulus grandis* Gose, 1980
	모래하루살이과	**Family Behningiidae**
4	강모래하루살이	*Behningia tshernovae* Edmunds & Traver, 1959
	강하루살이과	**Family Potamanthidae**
5	작은강하루살이	*Potamanthus formosus* Eaton, 1892
6	가람하루살이	*Potamanthus luteus oriens* Bae & Mccafferty, 1991
7	금빛하루살이	*Potamanthus yooni* Bae & Mccafferty, 1991
8	강하루살이	*Rhoenanthus coreanus* (Yoon & Bae, 1985)
	하루살이과	**Family Ephemeridae**
9	동양하루살이	*Ephemera orientalis* McLachlan, 1875
10	사할린하루살이	*Ephemera sachalinensis* Matsumura, 1931
11	가는무늬하루살이	*Ephemera separigata* Bae, 1995
12	무늬하루살이	*Ephemera strigata* Eaton, 1892
	흰하루살이과	**Family Polymitarcyidae**
13	흰하루살이	*Ephoron shigae* (Takahashi, 1924)
	방패하루살이과	**Family Neoephemeridae**
14	방패하루살이	*Potamanthellus chinensis* Hsu, 1935
	등딱지하루살이과	**Family Caenidae**
15	세뿔등딱지하루살이	*Brachycercus tubulatus* Tshernova, 1952
16	뫼등딱지하루살이	*Caenis moe* Hwang & Bae, 1999
17	등딱지하루살이	*Caenis nishinoae* Malzacher, 1996
18	나팔등딱지하루살이	*Caenis tuba* Hwang & Bae, 1999
	알락하루살이과	**Family Ephemerellidae**
19	민하루살이	*Cincticostella levanidovae* Tshernova, 1952
20	먹하루살이	*Cincticostella orientalis* (Tshernova, 1952)

21 뿔하루살이 *Drunella aculea* (Allen, 1971)
22 알통하루살이 *Drunella ishiyamana* Matsumura, 1931
23 쌍혹하루살이 *Drunella lepnevae* (Tshernova, 1949)
24 얼룩뿔하루살이 *Drunella solida* Bajkova, 1980
25 삼지창하루살이 *Drunella triacantha* (Tshernova, 1949)
26 긴꼬리하루살이 *Ephacerella longicaudata* Uéno, 1928
27 알락하루살이 *Ephemerella atagosana* Imanishi, 1937
28 다람쥐하루살이 *Ephemerella aurivillii* (Bengtsson, 1909)
29 칠성하루살이 *Ephemerella imanishii* Gose, 1980
30 흰등하루살이 *Ephemerella kozhovi* Bajkova, 1967
31 쇠꼬리하루살이 *Serratella ignita* (Poda, 1761)
32 범꼬리하루살이 *Serratella setigera* (Bajkova, 1967)
33 굴뚝하루살이 *Serratella zapekinae* (Bajkova, 1967)
34 등줄하루살이 *Teloganopsis punctisetae* (Matsumura, 1931)
35 짧은꼬리하루살이 *Teloganopsis chinoi* (Gose, 1980)
36 세모알락하루살이 *Torleya japonica* (Gose, 1980)

피라미하루살이과 **Family Ameletidae**

37 피라미하루살이 *Ameletus costalis* (Matsumura, 1931)
38 멧피라미하루살이 *Ameletus montanus* Imanishi, 1930

꼬마하루살이과 **Family Baetidae**

39 깨알하루살이 *Acentrella gnom* (Kluge, 1983)
40 콩알하루살이 *Acentrella sibirica* (Kazlauskas, 1963)
41 길쭉하루살이 *Alainites muticus* (Linnaeus, 1758)
42 애호랑하루살이 *Baetiella tuberculata* (Kazlauskas, 1963)
43 개똥하루살이 *Baetis fuscatus* (Linnaeus, 1761)
44 나도꼬마하루살이 *Baetis pseudothermicus* Kluge, 1983
45 감초하루살이 *Baetis silvaticus* Kluge, 1983
46 방울하루살이 *Baetis ursinus* Kazlauskas, 1963
47 연못하루살이 *Cloeon dipterum* (Linnaeus, 1761)
48 입술하루살이 *Labiobaetis atrebatinus* (Eaton, 1870)
49 흰줄깜장하루살이 *Nigrobaetis acinaciger* Kluge, 1983
50 깜장하루살이 *Nigrobaetis bacillus* (Kluge, 1983)
51 한라하루살이 *Procloeon halla* Bae & Park, 1997
52 작은갈고리하루살이 *Procloeon maritimum* (Kluge, 1983)
53 갈고리하루살이 *Procloeon pennulatum* (Eaton, 1870)

발톱하루살이과 **Family Metretopodidae**

54 발톱하루살이 *Metretopus borealis* (Eaton, 1871)

옛하루살이과 **Family Siphlonuridae**

55 옛하루살이 *Siphlonurus chankae* Tshernova, 1952

56 제비하루살이 *Siphlonurus immanis* Kluge, 1985

57 표범하루살이 *Siphlonurus palaearcticus* (Tshernova, 1930)

58 수리하루살이 *Siphlonurus sanukensis* Takahashi, 1929

빗자루하루살이과 **Family Isonychiidae**

59 빗자루하루살이 *Isonychia japonica* (Ulmer, 1919)

60 깃동하루살이 *Isonychia ussurica* Bajkova, 1970

납작하루살이과 **Family Heptageniidae**

61 맵시하루살이 *Bleptus fasciatus* Eaton, 1885

62 봄처녀하루살이 *Cinygmula grandifolia* Tshernova, 1952

63 봄총각하루살이 *Cinygmula hirasana* Imanishi, 1935

64 산처녀하루살이 *Cinygmula kurenzovi* Bajkova, 1965

65 미리내하루살이 *Ecdyonurus abracadabrus* Kluge, 1983

66 백두하루살이 *Ecdyonurus baekdu* Bae, 1997

67 몽땅하루살이 *Ecdyonurus bajkovae* Kluge, 1986

68 참납작하루살이 *Ecdyonurus dracon* Kluge, 1983

69 꼬리치레하루살이 *Ecdyonurus joernensis* Bengtsson, 1909

70 두점하루살이 *Ecdyonurus kibunensis* Imanishi, 1936

71 네점하루살이 *Ecdyonurus levis* (Navás, 1912)

72 가락지하루살이 *Ecdyonurus scalaris* Kluge, 1983

73 나도네점하루살이 *Ecdyonurus yoshidae* Takahashi, 1924

74 중부채하루살이 *Epeorus aesculus* Imanishi, 1934

75 긴부채하루살이 *Epeorus maculatus* (Tshernova, 1949)

76 흰부채하루살이 *Epeorus nipponicus* (Uéno, 1931)

77 부채하루살이 *Epeorus pellucidus* (Brodsky, 1930)

78 배점하루살이 *Heptagenia guranica* Belov, 1981

79 햇님하루살이 *Heptagenia kihada* Matsumura, 1931

80 총채하루살이 *Heptagenia kyotoensis* Gose, 1963

81 깊은골하루살이 *Rhithrogena binotata* Sinitshenkova, 1982

82 골짜기하루살이 *Rhithrogena japonica* Uéno, 1928

83 깊은산하루살이 *Rhithrogena lepnevae* Brodsky, 1930

유충 과(Family) 검색표

머리와 앞가슴등판이 양쪽으로
확장되고, 확장된 곳에 강모가 있다.

모래하루살이과 (Behningiidae)

머리와 앞가슴등판이 양쪽으로
확장되지 않는다.

머리 앞쪽에 큰턱돌출기가 있으며,
기관아가미는 깃털 모양이다.

머리 앞쪽에 큰턱돌출기가 없으며,
기관아가미는 나뭇잎 또는 실 모양이다.

03

몸이 납작하며, 기관아가미가
배 옆쪽으로 뻗는다.

강하루살이과 (Potamanthidae)

몸은 원통형이며,
기관아가미가 배 위쪽으로 뻗는다.

4

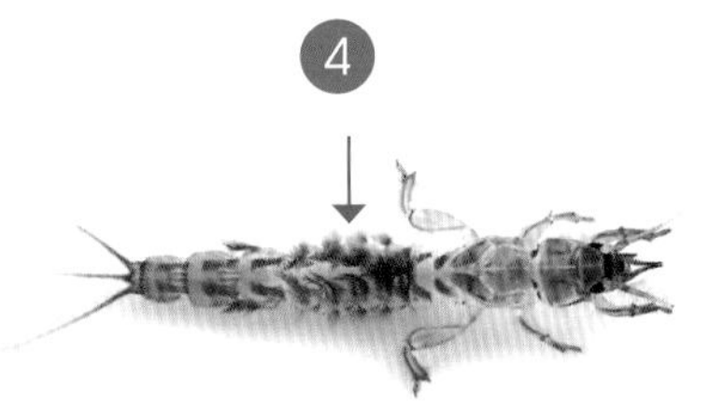

머리 앞쪽 큰턱돌출기가
위쪽으로 휜다.

하루살이과 (Ephemeridae)

머리 앞쪽 큰턱돌출기가
아래쪽으로 휜다.

흰하루살이과 (Polymitarcyidae)

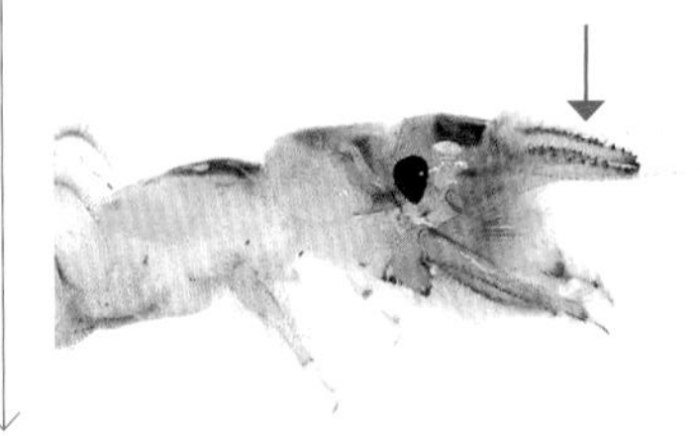

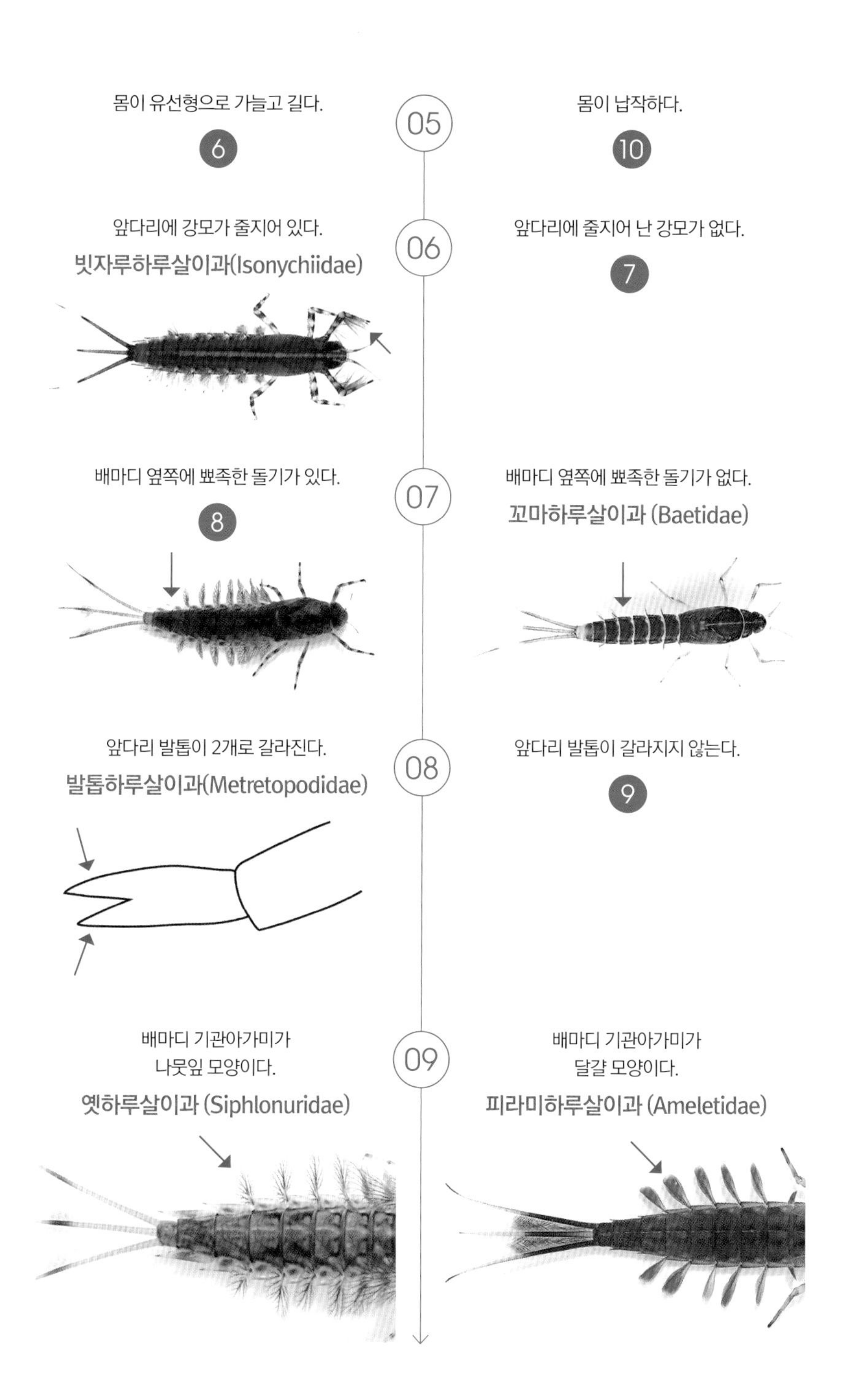

05
몸이 유선형으로 가늘고 길다.
6
몸이 납작하다.
10
06
앞다리에 강모가 줄지어 있다.
빗자루하루살이과(Isonychiidae)
앞다리에 줄지어 난 강모가 없다.
7
07
배마디 옆쪽에 뾰족한 돌기가 있다.
8
배마디 옆쪽에 뾰족한 돌기가 없다.
꼬마하루살이과 (Baetidae)
08
앞다리 발톱이 2개로 갈라진다.
발톱하루살이과(Metretopodidae)
앞다리 발톱이 갈라지지 않는다.
9
09
배마디 기관아가미가
나뭇잎 모양이다.
옛하루살이과 (Siphlonuridae)
배마디 기관아가미가
달걀 모양이다.
피라미하루살이과 (Ameletidae)

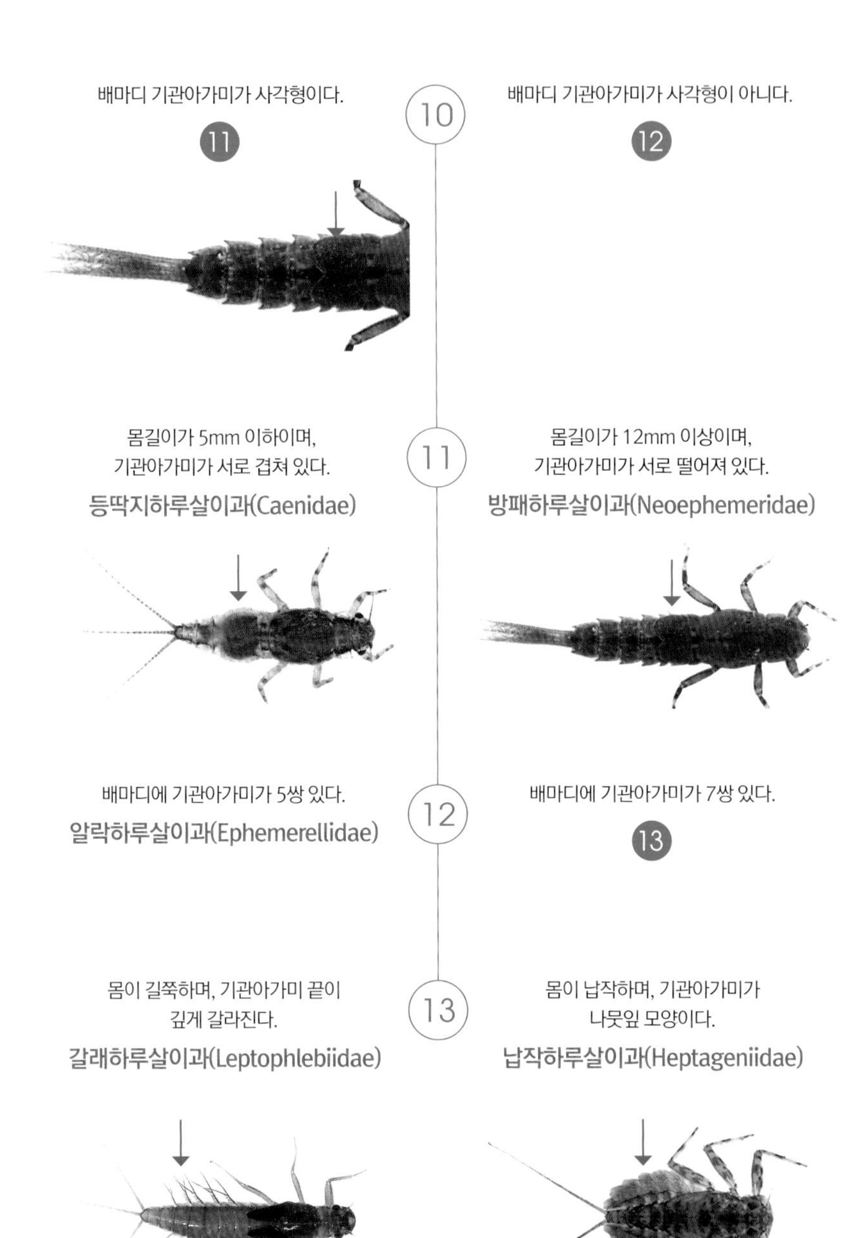
배마디 기관아가미가 사각형이다.
11
10
배마디 기관아가미가 사각형이 아니다.
12
몸길이가 5mm 이하이며,
기관아가미가 서로 겹쳐 있다.
등딱지하루살이과(Caenidae)
11
몸길이가 12mm 이상이며,
기관아가미가 서로 떨어져 있다.
방패하루살이과(Neoephemeridae)
배마디에 기관아가미가 5쌍 있다.
알락하루살이과(Ephemerellidae)
12
배마디에 기관아가미가 7쌍 있다.
13
몸이 길쭉하며, 기관아가미 끝이
깊게 갈라진다.
갈래하루살이과(Leptophlebiidae)
13
몸이 납작하며, 기관아가미가
나뭇잎 모양이다.
납작하루살이과(Heptageniidae)

유충 속(Genus) 또는 종(Species) 검색표

갈래하루살이과 Family Leptophlebiidae

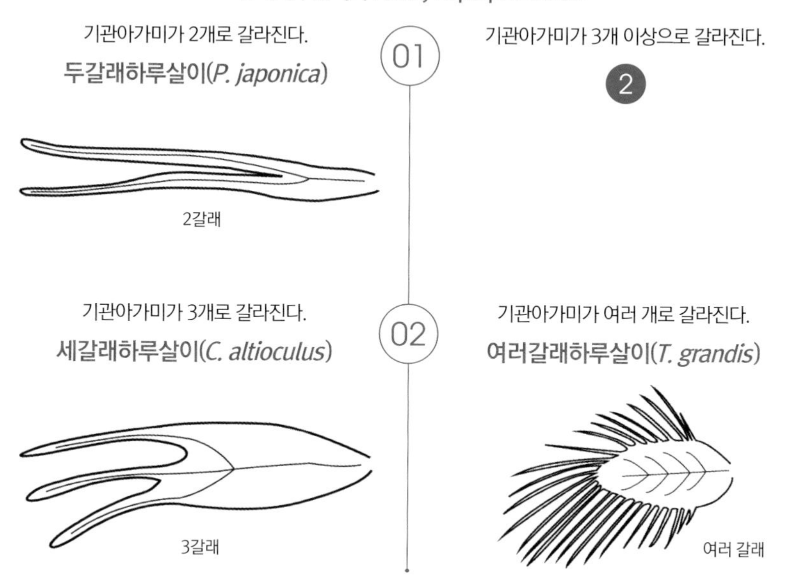

모래하루살이과 Family Behningiidae

국내에 강모래하루살이(*B. tshernovae*) 1종만 분포한다. 2019년에 경남 합천 황강에서 채집 보고되었다. 몸이 전체적으로 통통하며, 기관아가미가 배마디 아랫면에 있는 것이 특징이다. 머리와 앞가슴등판이 양쪽으로 확장되었으며, 그 위에 강모가 퍼져 있어 다른 종과 구별된다.

강하루살이과 Family Potamanthidae

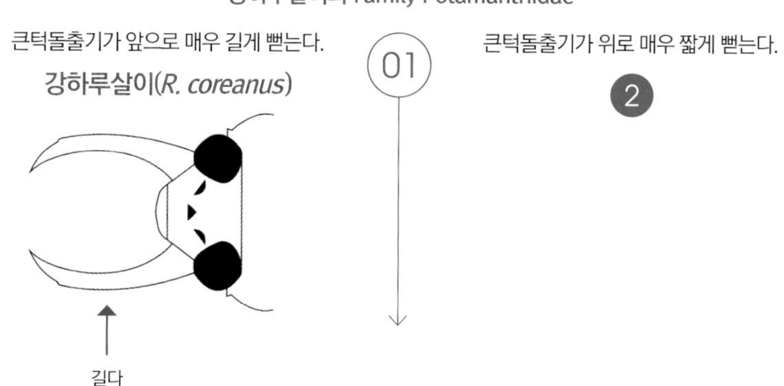

02

겹눈이 머리에 비해 크며, 앞다리
넓적다리마디 가운데에 세로로
줄지어 난 짧은 강모가 뚜렷하지 않다.

가람하루살이(*P. luteus oriens*)

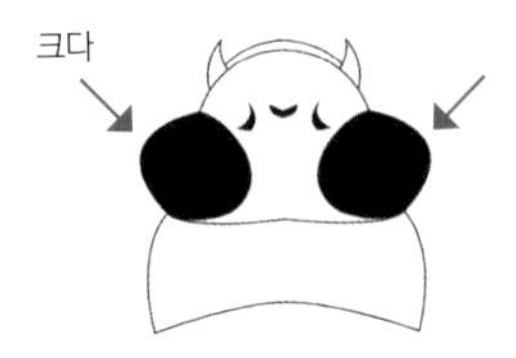

겹눈이 머리에 비해 작으며, 앞다리
넓적다리마디 가운데에 세로로
줄지어 난 짧은 강모가 뚜렷하다.

③

03

머리와 가슴의 무늬가 뚜렷하며,
금빛하루살이보다 겹눈이 작다.

작은강하루살이(*P. formosus*)

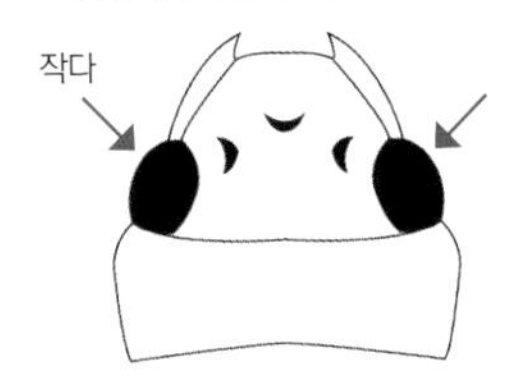

머리와 가슴의 무늬가
작은강하루살이보다 뚜렷하지 않으며,
겹눈이 상대적으로 크다.

금빛하루살이(*P. yooni*)

하루살이과 Family Ephemeridae

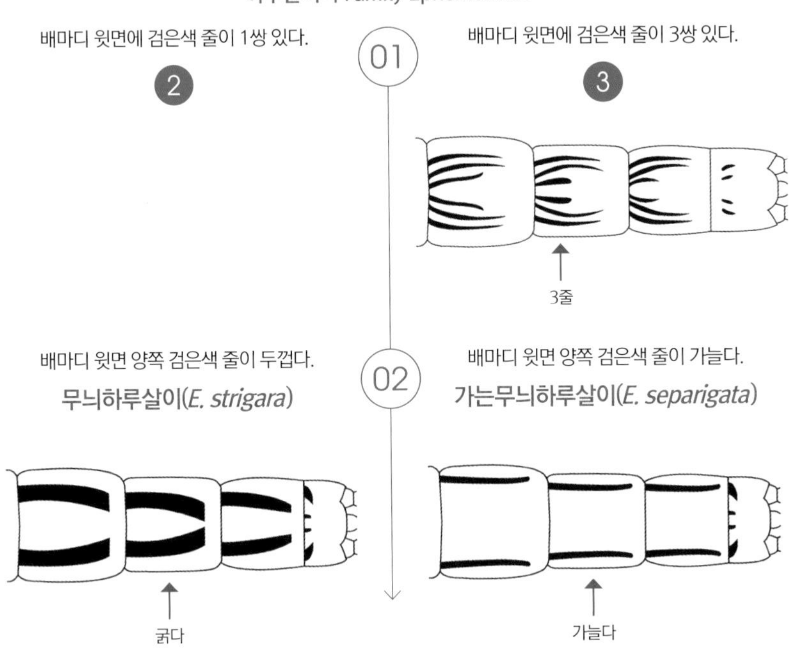

01

배마디 윗면에 검은색 줄이 1쌍 있다.

②

배마디 윗면에 검은색 줄이 3쌍 있다.

③

02

배마디 윗면 양쪽 검은색 줄이 두껍다.

무늬하루살이(*E. strigara*)

배마디 윗면 양쪽 검은색 줄이 가늘다.

가는무늬하루살이(*E. separigata*)

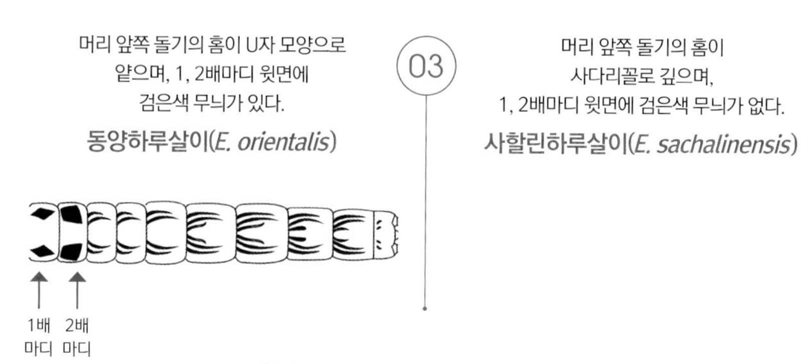

머리 앞쪽 돌기의 홈이 U자 모양으로 얕으며, 1, 2배마디 윗면에 검은색 무늬가 있다.
동양하루살이(*E. orientalis*)

머리 앞쪽 돌기의 홈이 사다리꼴로 깊으며, 1, 2배마디 윗면에 검은색 무늬가 없다.
사할린하루살이(*E. sachalinensis*)

흰하루살이과 Family Polymitarcyidae

국내에 흰하루살이(*E. shigae*) 1종만 분포하며, 주로 하천의 모래 또는 자갈 바닥 깊숙이 파고 들어가 지내는 것으로 알려졌다. 몸은 전체적으로 흰색이며, 머리 앞쪽에 있는 큰턱돌출기가 동양하루살이와 달리 아래쪽으로 휜 것으로 구별할 수 있다.

방패하루살이과 Family Neoephemeridae

국내에 방패하루살이(*P. chinensis*) 1종만 분포하며, 주로 하천의 자갈과 큰 돌이 깔리고 물살이 느린 곳에 사는 것으로 알려졌다. 몸이 크며 짙은 갈색이다. 2배마디에 겹치지 않는 큰 사각형 기관아가미가 있는 것으로 비슷한 종과 구별할 수 있다.

등딱지하루살이과 Family Caenidae

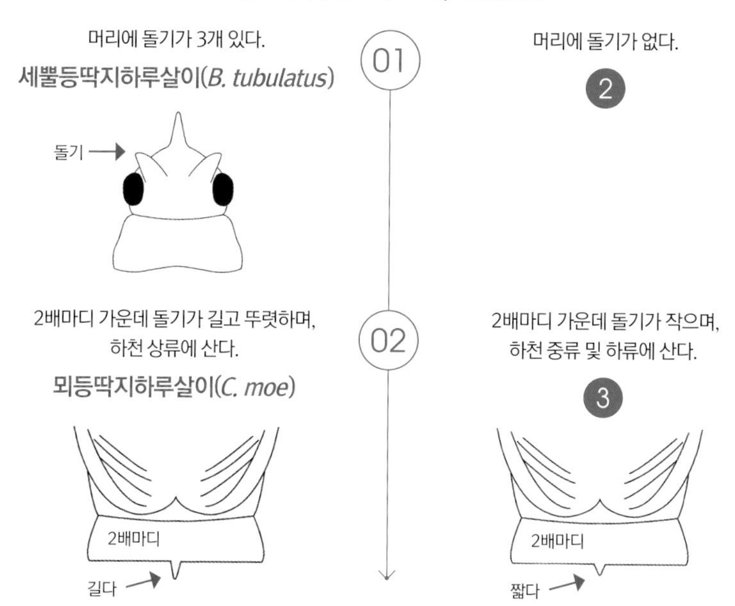

머리에 돌기가 3개 있다.
세뿔등딱지하루살이(*B. tubulatus*)

머리에 돌기가 없다. → 2

2배마디 가운데 돌기가 길고 뚜렷하며, 하천 상류에 산다.
뫼등딱지하루살이(*C. moe*)

2배마디 가운데 돌기가 작으며, 하천 중류 및 하류에 산다. → 3

몸이 크며(약 5mm), 앞가슴 옆부분 위쪽이 뚜렷하게 돌출되었고, 곧은 사각형이다.

등딱지하루살이(*C. nishinoae*)

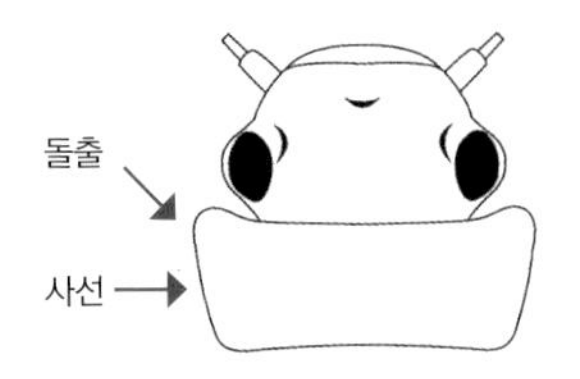

03

몸이 작으며(약 3.5mm), 앞가슴 옆부분 위쪽이 완만하고, 대체로 둥그스름하다.

나팔등딱지하루살이(*C. tuba*)

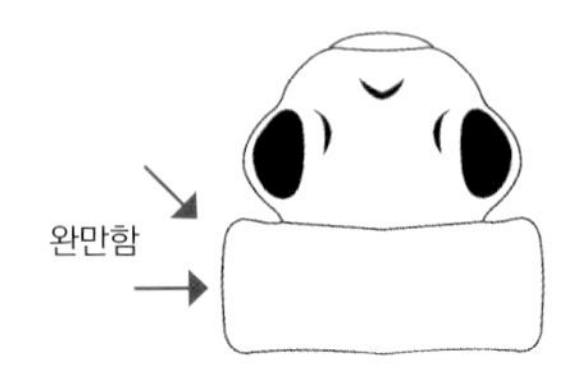

알락하루살이과 Family Ephemerellidae

01

앞다리 넓적다리마디 앞쪽 가장자리에 가시가 있다.

뿔하루살이속(Genus *Drunella*)

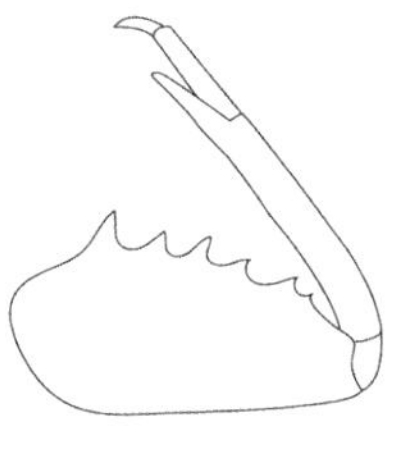

앞다리 넓적다리마디 앞쪽 가장가리에 가시가 없다.

02

앞가슴과 가운데가슴 옆이 뚜렷하게 돌출되었다.

민하루살이속(Genus *Cincticolstella*)

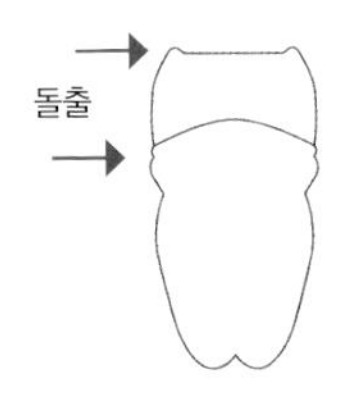

앞가슴과 가운데가슴 옆이 돌출되지 않았다.

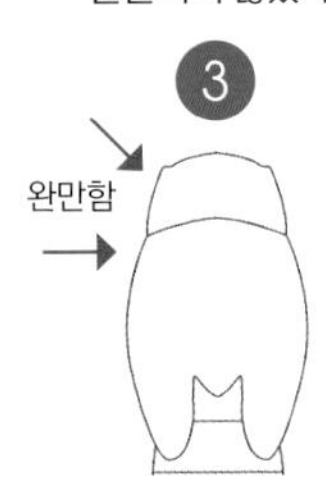

03

가운데가슴 옆에 삼각형 돌기가 있다.

긴꼬리하루살이속(Genus *Ephacerella*)

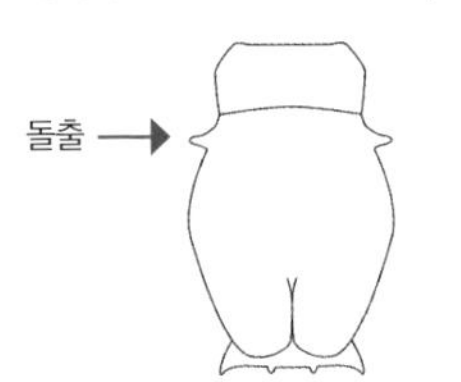

가운데가슴 옆에 돌기가 없다.

가슴 윗면에 흰색 세로줄이 2개 있다
(세로줄이 없으면 꼬리가 매우 짧고 곧다).
앞다리 넓적다리마디에 길고 두꺼운
수직으로 선 강모가 있다.

등줄하루살이속(Genus *Teloganopsis*)

가슴 윗면에 흰색 세로줄이 없으며,
꼬리와 앞다리 강모가 왼쪽과
같은 모양이 아니다.

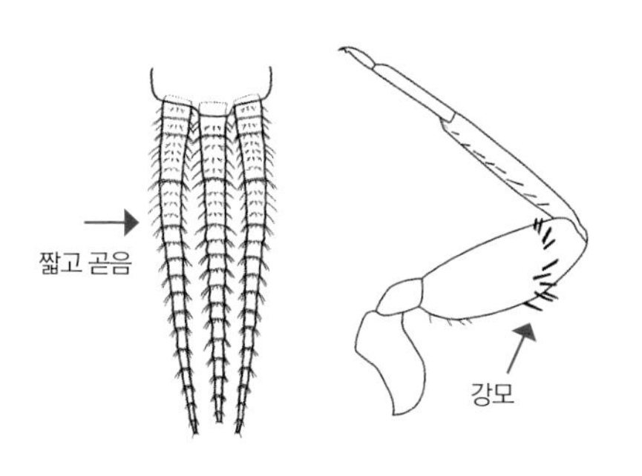

3배마디 기관아가미가 크며,
7배마디까지 뻗는다.

세모알락하루살이속(Genus *Torleya*)

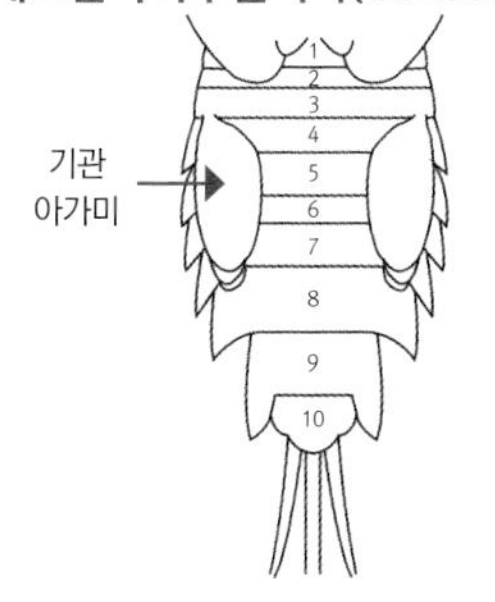

3배마디 기관아가미가 작으며,
7배마디까지 뻗지 않는다.

06

꼬리 각 마디에 짧은 가시가 있으며,
드문드문 가늘고 긴 강모가 있다.

범꼬리하루살이속(Genus *Serratella*)

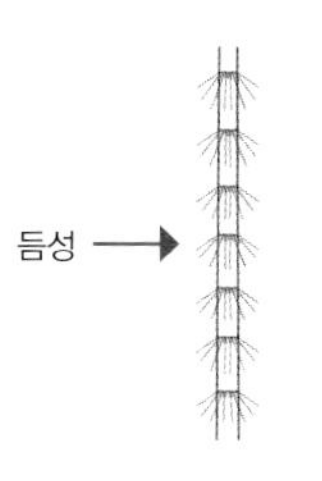

꼬리 각 마디에 짧은 가시가 있으며,
가늘고 긴 강모가 빽빽하다.

알락하루살이속(Genus *Ephemerella*)

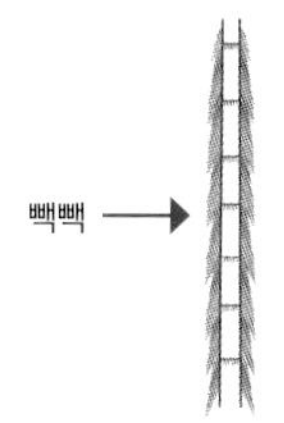

* 알락하루살이과 유충은 속명까지만 검색표를 제시한다.
국내에 알려진 종은 종 설명과 사진을 참고해 구별할 수 있다.

피라미하루살이과 Family Ameletidae

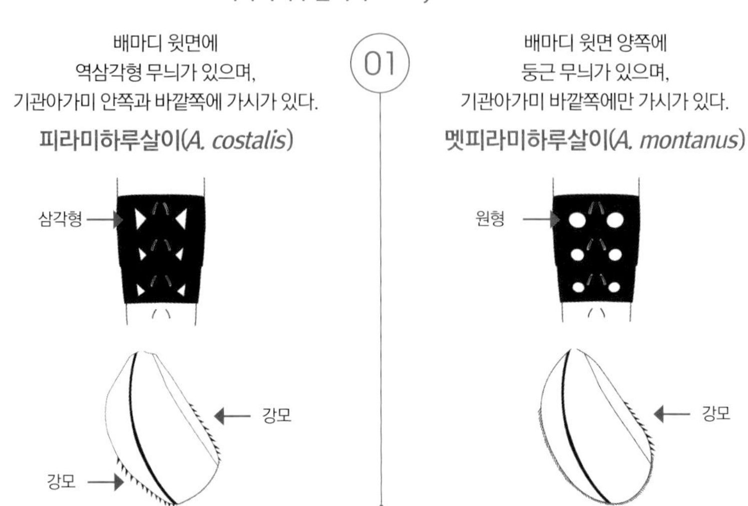

꼬마하루살이과 Family Baetidae

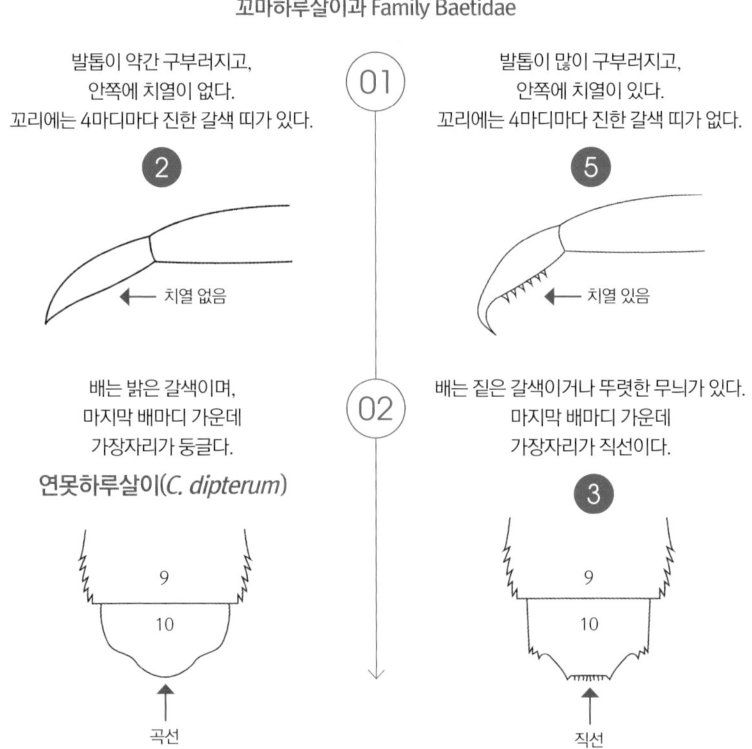

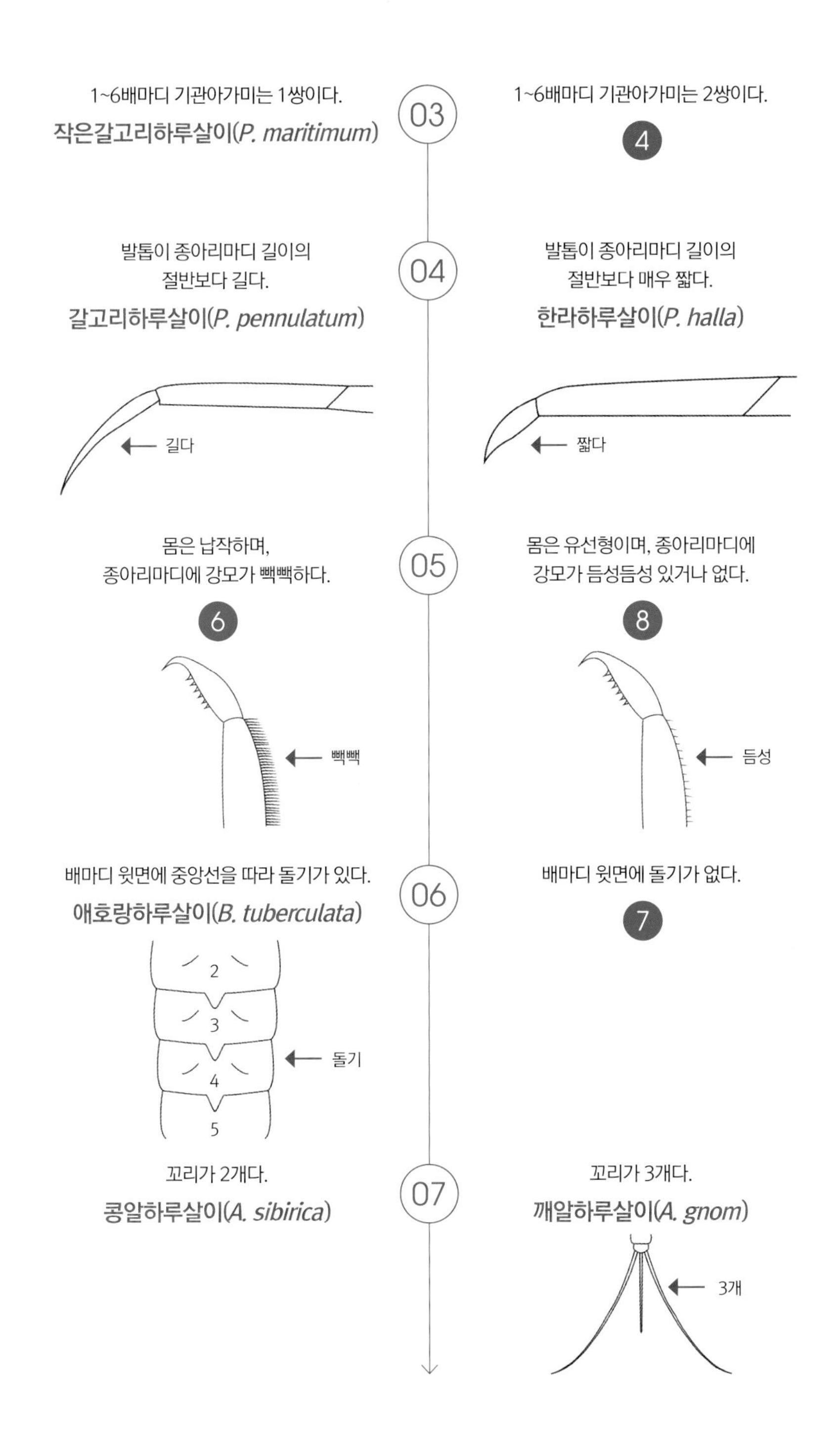
03
1~6배마디 기관아가미는 1쌍이다.
작은갈고리하루살이(P. maritimum)
1~6배마디 기관아가미는 2쌍이다.
4
04
발톱이 종아리마디 길이의 절반보다 길다.
갈고리하루살이(P. pennulatum)
길다
발톱이 종아리마디 길이의 절반보다 매우 짧다.
한라하루살이(P. halla)
짧다
05
몸은 납작하며, 종아리마디에 강모가 빽빽하다.
6
빽빽
몸은 유선형이며, 종아리마디에 강모가 듬성듬성 있거나 없다.
8
듬성
06
배마디 윗면에 중앙선을 따라 돌기가 있다.
애호랑하루살이(B. tuberculata)
2
3
4
5
돌기
배마디 윗면에 돌기가 없다.
7
07
꼬리가 2개다.
콩알하루살이(A. sibirica)
꼬리가 3개다.
깨알하루살이(A. gnom)
3개

08
마지막 배마디 끝의 항문옆판 안쪽이 튀어나온다.
길쭉하루살이(A. muticus)
돌출
마지막 배마디 끝의 항문옆판 안쪽이 튀어나오지 않는다.
9
09
작은턱수염이 하트 모양이며, 중간이 오목하다.
입술하루살이(L. atrebatinus)
하트 모양
작은턱수염이 하트 모양이 아니며, 오목하지 않다.
한라하루살이(P. halla)
10
몸이 길쭉하고 어두운 갈색이며, 배마디 무늬가 단순하다.
11
몸이 조금 납작하고 밝은 갈색이며 배마디 무늬가 복잡하다.
12
11
배마디 윗면 가운데에 흰색 줄이 있다.
흰줄깜장하루살이(N. acinaciger)
흰색 줄
배마디 윗면 가운데에 흰색 줄이 없다.
깜장하루살이(N. bacillus)
12
2, 3배마디와 5~8배마디 윗면 양쪽에 흰색 둥근 무늬가 있다.
방울하루살이(B. ursinus)
원형 무늬
배마디 무늬는 다양하며, 양쪽에 둥근 무늬가 없다.
13

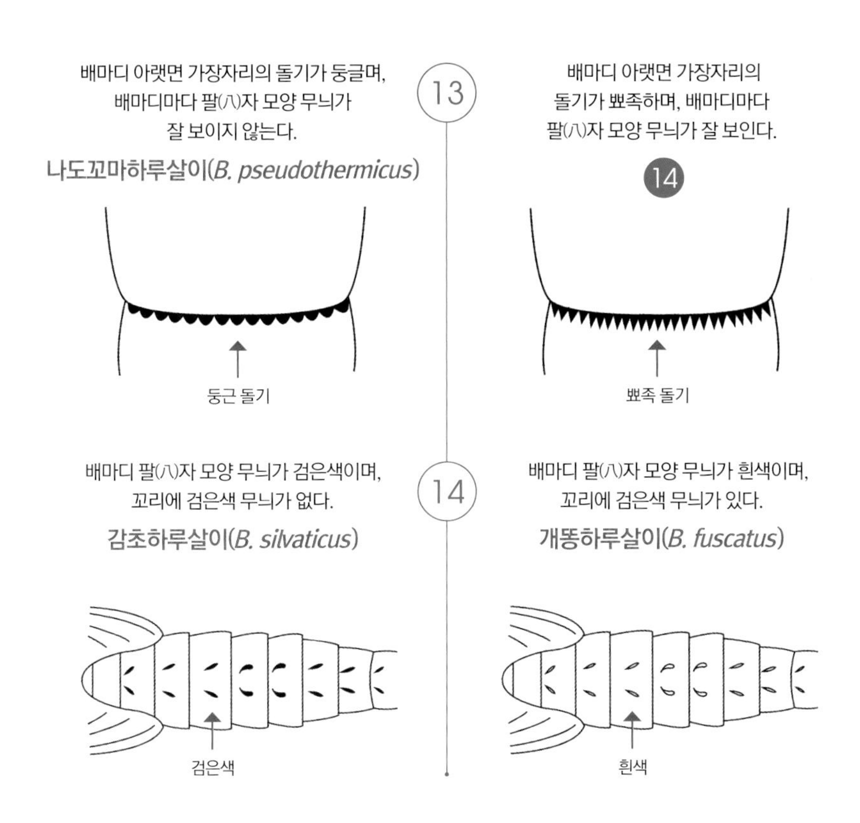

발톱하루살이과 Family Metretopodidae

발톱하루살이(*Metretopus borealis*)는 북한에서 기록된 종으로, 몸은 꼬마하루살이 종류와 비슷하며 유선형으로 길쭉하고, 배마디에 뚜렷한 점이 2개 있으며, 후측돌기가 뾰족하다. 다른 종과 달리 앞다리 발톱이 2개로 갈라진 것이 특징이다.

옛하루살이과 Family Siphlonuridae

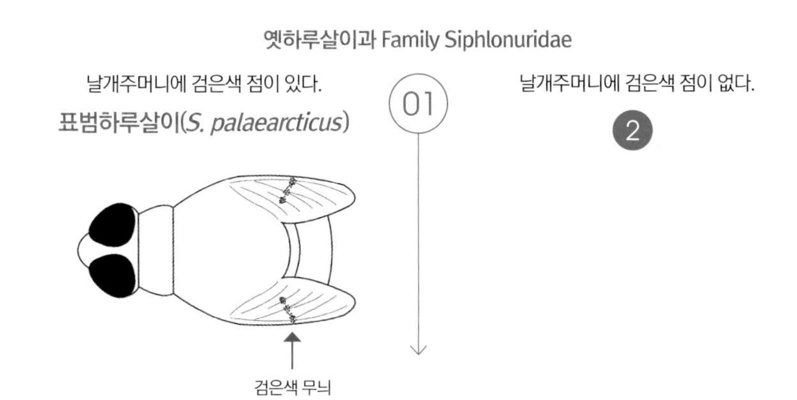

몸은 상대적으로 작으며(13mm 이하),
1,2 번 기관아가미 가운데가 얕게 파인다.

옛하루살이(*S. chankae*)

몸은 상대적으로 크며(16mm 이상),
1, 2번 기관아가미가운데가 깊게 파인다.

제비하루살이(*S. immanis*)

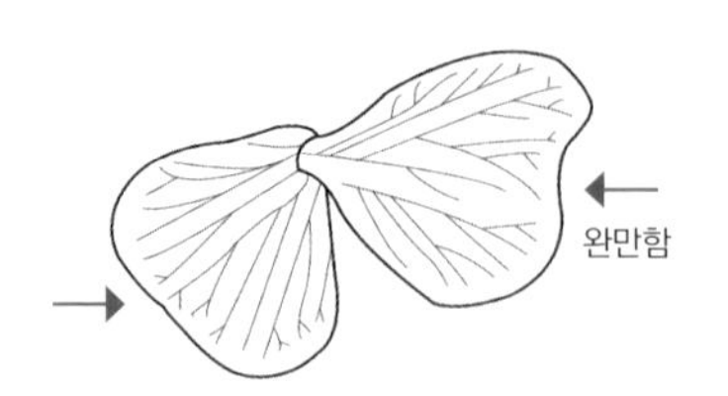

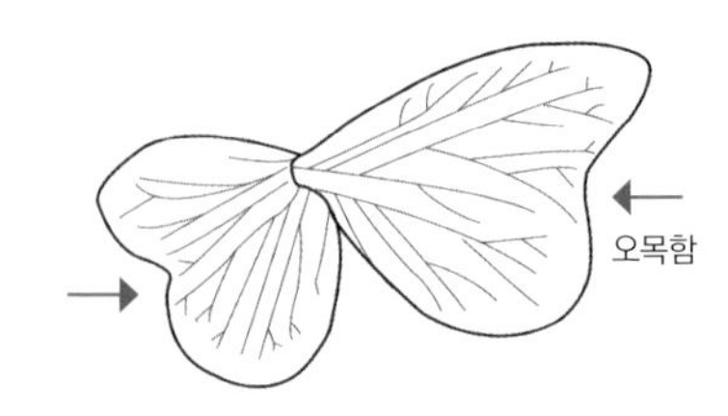

* 수리하루살이(*Siphlonurus sanukensis*)는 1940년에 일본 학자에 의해 서울과 경기도에서 기록되었지만 그 이후 국내에서 한 번도 확인된 적이 없어 검색표에서 제외했다.

빗자루하루살이과 Family Isonychiidae

배마디 윗면 중앙에 흰색 세로줄이 있다.

빗자루하루살이(*I. japonica*)

배마디 윗면 중앙에 흰색 세로줄이 없으며,
마디마다 가로로 흰색 무늬가 있다.

깃동하루살이(*I. ussurica*)

납작하루살이과 Family Heptageniidae

꼬리가 2개이다.

꼬리가 3개이다.

다리는 짧으며, 머리는 상대적으로 크다.
첫 번째 기관아가미가 실 모양이다.

맵시하루살이속(Genus *Bleptus*)

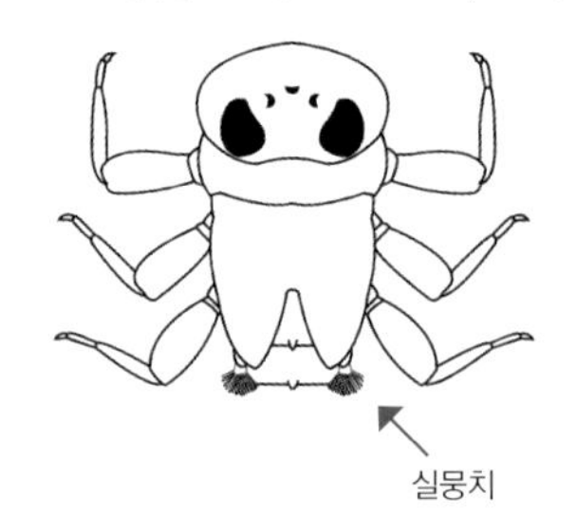

다리는 보통이거나 길며,
첫 번째 기관아가미가 나뭇잎 모양이다.

부채하루살이속(Genus *Eperous*)

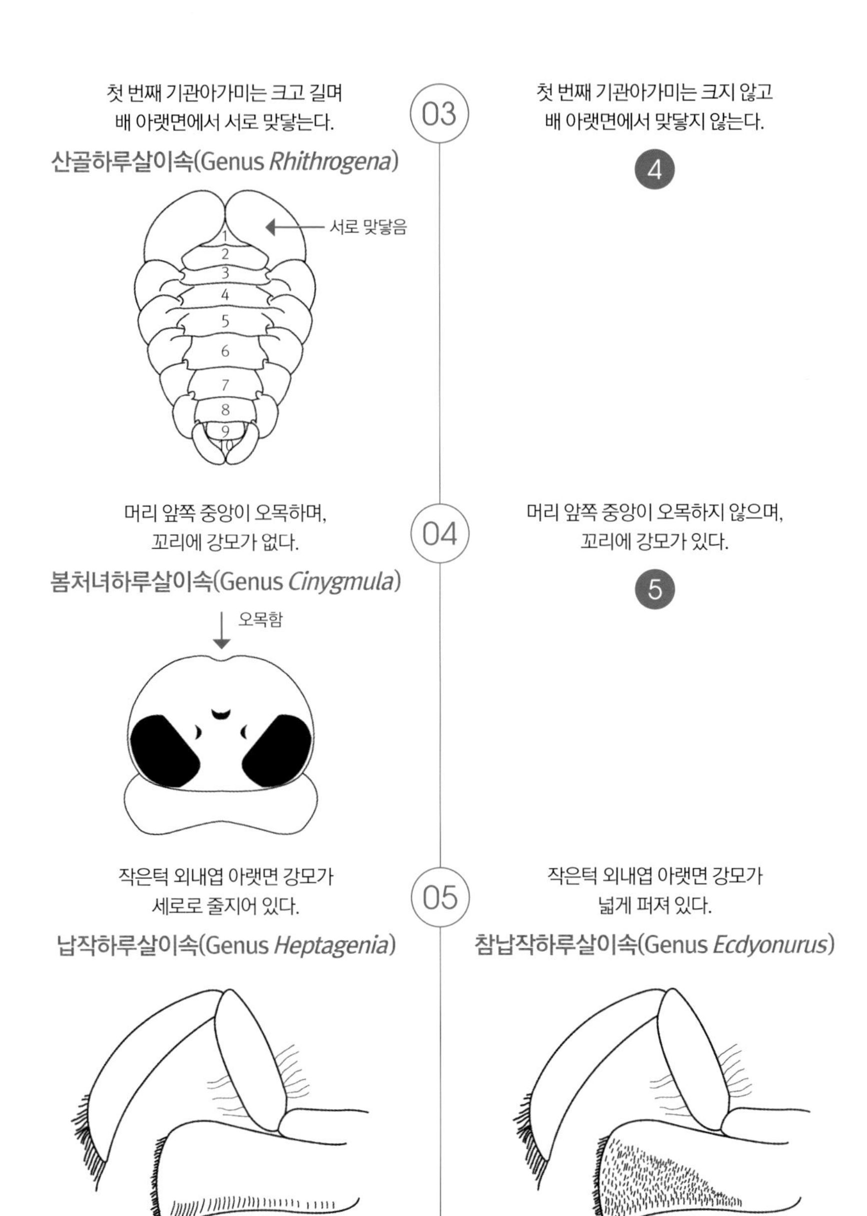

* 납작하루살이과 유충은 속명까지만 검색표를 제시한다.
국내에 알려진 종은 본문의 종 설명과 사진을 참고해 판별할 수 있다.

한반도 하루살이 83종

세갈래하루살이

Choroterpes (Euthraulus) altioculus Kluge, 1984

주요 형질	서식지	분포
배마디 기관아가미가 3개로 갈라짐	주로 하천 중류와 하류의 흐름이 완만한 곳	한국, 일본, 중국, 극동 러시아

갈래하루살이과 가운데 가장 작은 종으로 성숙 유충은 몸 길이가 6~8mm이다. 전체적으로 옅은 갈색이며, 머리는 앞쪽이 둥그스름한 사각형이다. 배마디 기관아가미가 3개로 갈라진 것이 특징이다. 다리에 짙은 갈색 무늬가 있다. 꼬리는 3개이며 각 마디 끝에 짧은 강모가 있다. 하천 중류 및 하류의 흐름이 완만한 곳에 살며, 하천 바닥을 기어다니거나 돌 밑에 붙어서 이동한다.
성충은 6~8월에 발생하며 주변 풀숲에서 주로 보이나, 상류 쪽으로 이동하는 습성이 있어 고도가 높은 곳에서도 보인다.

유충

아성충 수컷

성충 암컷

두갈래하루살이

Paraleptophlebia japonica (Matsumura, 1931)

주요 형질	서식지	분포
배마디 기관아가미가 2개로 갈라짐	하천 상류와 중류의 흐름이 완만한 곳과 낙엽 주변	한국, 일본, 중국, 극동 러시아

성숙 유충은 몸길이가 6~10mm이다. 몸은 짙은 갈색이며 광택이 있다. 머리는 앞쪽이 둥그스름한 삼각형이며 세갈래하루살이에 비해 이마 가운데에 있는 동그란 흰 점이 뚜렷하다. 2개로 갈라진 기관아가미가 특징이다. 꼬리는 3개이며 각 마디 끝에 짧은 강모가 있다. 하천 상류 및 중류의 흐름이 완만한 곳과 낙엽이 쌓인 곳에서 보인다.
성충은 전체적으로 짙은 갈색이며, 배는 엷은 갈색, 배 끝 3마디는 짙은 갈색이다. 꼬리는 3개이다. 6~8월 사이에 발생하며 하천의 바위나 주변 식물에 앉는다.

성충 수컷

03 여러갈래하루살이

Thraulus grandis Gose, 1980

주요 형질	서식지	분포
배마디 기관아가미가 여러 개로 갈라짐	하천 상류와 낙엽이 쌓인 곳	한국, 일본

성숙 유충은 몸길이가 8~10mm이고 전체적으로 담갈색이다. 머리 앞쪽과 뒤쪽에 흰색 무늬가 있으며, 배마디에 길고 검은 가로무늬가 있다. 1배마디 기관아가미는 2개로 갈라지며, 2~7배마디 기관아가미는 끝이 여러 개로 갈라진다. 꼬리는 3개이며 연한 갈색이다. 하천의 상류 또는 중류의 정수역에서 보이며, 낙엽이 쌓인 곳을 좋아한다. 매우 제한적으로 분포하며, 환경부에서는 분포특이종으로 지정했다. 성충은 전체적으로 짙은 갈색이며 배마디 끝부분은 연한 갈색이다. 수컷은 암컷과 달리 겹눈이 크고 앞다리가 길다. 종아리마디는 검은색이며, 그 외 다른 부분은 연한 갈색이다. 꼬리는 3개이며 길다. 유충 서식지 주변 풀숲이나 나뭇잎 아래쪽에 붙어 있으며, 다른 갈래하루살이 종류보다 이른 5~6월에 발생한다.

성충 수컷

아성충 암컷

강모래하루살이

Behningia tshernovae Edmunds & Traver, 1959

주요 형질	서식지	분포
머리와 앞가슴등판이 옆으로 확장	하천 하류 바닥이 모래인 곳	한국, 극동 러시아

유충

유충은 다른 종과 생김새가 전혀 다르다. 전체적으로는 납작하지만 몸통 중앙은 볼록하다. 머리와 배에 털이 촘촘히 나 있으며, 배 윗면보다 아랫면에 더 빽빽하다. 성숙 유충은 몸길이 약 20mm로 크며 전체적으로 갈색이다. 윗입술이 넓게 확장되며, 양쪽으로 넓게 털이 촘촘히 나 있다. 배는 7마디이며, 각 배마디 아랫면 가장자리에 가늘고 긴 털이 있다. 첫 번째 배마디 기관아가미는 다른 것보다 3~4배 길다. 뒷다리 넓적다리마디가 크며 털로 덮여 있다. 뒷다리 종아리마디는 매우 짧으며, 발톱은 맨눈으로는 잘 보이지 않는다. 꼬리는 3개이고 양쪽에 긴 강모가 있다.

성충은 몸이 통통하며 전체적으로 불투명한 흰색이고 꼬리는 3개이다. 수심이 깊은 하천 가장자리 모래가 쌓인 곳에서 보인다.

유충

유충 표본

아성충 암컷

05 작은강하루살이

Potamanthus formosus Eaton, 1892

주요 형질	서식지	분포
겹눈이 작으며, 넓적다리마디 가운데에 강모가 줄지어 있음	하천 하류 바닥이 자갈과 모래인 곳	한국, 일본, 중국, 극동 러시아, 동남아시아

유충

성숙 유충은 몸길이가 7~12mm이고 전체적으로 짙은 갈색이며 몸 윗면에 흰 무늬가 있다. 머리 윗면에 갈색 호랑 무늬가 있으며, 겹눈은 머리 양 끝에 있고 다른 강하루살이 종류의 겹눈보다 작다. 큰턱돌출기는 조금 튀어나왔으며 끝은 짙은 갈색이다. 가슴이 머리보다 크고 옆으로 확장되었으며 다양한 흰색 무늬가 있다. 앞가슴 양쪽 가장자리는 흰색이다. 배 윗면에 흰색 점들이 있으며, 각 배마디 가운데에 있는 갈색 무늬가 배 끝까지 이어진다. 각 배마디 양쪽에 총채 모양 기관아가미가 있다. 다리에 갈색 반점이 있고, 종아리마디가 넓적다리마디보다 길다. 각 다리 넓적다리마디 가운데에 강모가 세로로 줄지어 난다. 꼬리는 3개이고 양쪽에 강모가 줄지어 난다.

성충은 전체적으로 누런색이며, 머리와 가슴 옆쪽으로 짙은 갈색 줄이 있다. 각 다리의 넓적다리마디와 종아리마디 기저부는 짙은 갈색이고, 종아리마디 끝에 검은색 무늬가 있다. 날개 위쪽 가두리도 짙은 갈색이다.

아성충 암컷

아성충 수컷

06 가람하루살이

Potamanthus luteus oriens Bae & Mccafferty, 1991

주요 형질	서식지	분포
큰턱돌출기가 짧으며, 겹눈이 큼	하천 하류 바닥에 자갈과 모래가 섞인 곳	한국, 중국, 극동 러시아

성숙 유충은 몸길이가 10~15mm로 큰 편이며, 전체적으로 짙은 갈색이고 몸 윗면에 흰 점이 퍼져 있다. 머리 윗면에 흰색 무늬가 있으며, 겹눈은 보통 또는 약간 큰 편이다. 큰턱돌출기가 조금 튀어나오며 끝은 엷은 갈색이다. 가슴은 확장되었으며 세로로 흰색 점이 있다. 앞가슴 양쪽 가장자리는 흰색이다. 배 윗면에는 흰색과 갈색 세로줄이 있으며, 각 배마디 양쪽에 총채 모양 기관아가미가 있다. 다리에 엷은 갈색 반점이 있다. 각 다리의 종아리마디가 넓적다리마디보다 약간 길며, 넓적다리마디 가운데에 줄지어 난 강모는 뚜렷하지 않다. 꼬리는 3개이며 양쪽에 강모가 줄지어 난다.

성충은 전체적으로 누런색이며 머리와 가슴, 배 윗면 중앙은 짙은 갈색이다. 날개는 노란색이며 특별한 무늬가 없다.

07 금빛하루살이

Potamanthus yooni Bae & Mccafferty, 1991

주요 형질	서식지	분포
작은 겹눈, 머리와 앞가슴 무늬, 앞다리 넓적다리마디에 줄지어 난 강모	하천 중류와 하류 바닥에 모래와 자갈이 깔린 곳	한국

성숙 유충은 몸길이가 13~15mm로 큰 편이며, 전체적으로 짙거나 연한 갈색이다. 흰 점무늬 형태가 작은강하루살이와 다르다. 겹눈이 작은 편이지만 작은강하루살이보다는 크다. 큰턱돌출기는 약간 튀어나왔고 끝은 옅은 갈색이다. 가슴은 옆으로 확장되었으며 흰색 점이 있다. 앞가슴 양쪽 가장자리는 흰색이다. 배 윗면에 흰색과 갈색 세로줄이 있으며, 배마디 양쪽에 총채 모양 기관아가미가 있다. 각 다리에는 옅은 갈색 반점이 있으며, 종아리마디가 넓적다리마디보다 약간 길다. 넓적다리마디 가운데에 강모가 줄지어 있다. 꼬리는 3개이며 양쪽에 강모가 줄지어 있다.

성충은 전체적으로 노란색이며, 머리와 가슴 옆쪽에 짙은 갈색 줄이 있다. 날개는 몸보다 더욱 노란색이며 위쪽 가장자리에 짙은 갈색 무늬가 있다. 앞다리 넓적다리마디, 종아리마디 끝과 안쪽은 짙은 갈색이다.

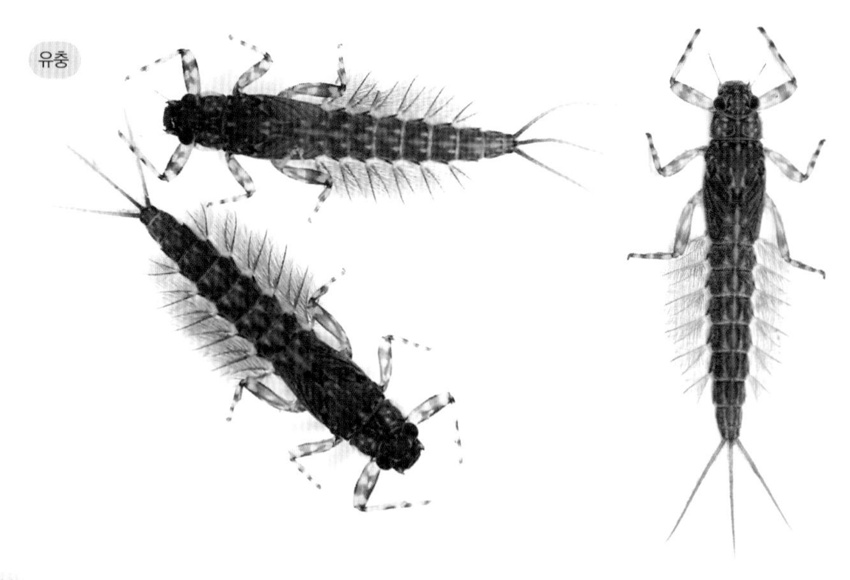

아성충 수컷

아성충 암컷

08 강하루살이

Rhoenanthus coreanus (Yoon & Bae, 1985)

주요 형질	서식지	분포
길게 뻗은 큰턱돌출기	하천 하류 바닥에 자갈과 모래가 섞인 곳	한국, 중국, 극동 러시아

유충

성숙 유충은 몸길이가 20~30mm이고 전체적으로 짙거나 옅은 갈색이며 흰 무늬가 있다. 큰턱돌출기가 머리 앞쪽으로 길게 뻗으며 매끄럽고 안쪽으로 휘었다. 앞가슴등판은 넓으며 가장자리가 둥글고 투명하다. 배마디 양쪽으로 총채 모양 기관아가미가 뻗는다. 각 다리 넓적다리마디에 옅은 검은색 무늬가 있으며, 꼬리는 3개이고 긴 강모가 있다. 우리나라 전역에 살며, 주로 바닥이 호박돌로 이루어진 곳에서 돌 아래에 붙어 지낸다.

성충은 날개에 적갈색 무늬가 있으며, 배마디 옆쪽에 비스듬히 적갈색 무늬가 있다. 꼬리는 3개로 길게 뻗으며 각 마디는 적갈색이다. 불빛에 잘 날아온다.

성충 암컷

아성충 수컷

09 동양하루살이

Ephemera orientalis McLachlan, 1875

주요 형질	서식지	분포
배마디에 짙은 줄무늬 3개, 1, 2배마디에 무늬 있음	하천 중류와 하류 바닥이 모래인 곳	한국, 일본, 중국, 러시아

유충

성숙 유충은 몸길이가 18~20mm이고 유선형으로 가늘고 길다. 머리 앞쪽으로 뻗은 큰턱돌출기는 가늘고 길며 안쪽으로 휘었다. 머리 앞쪽 돌출부는 큰턱돌출기보다 작으며 오목하다. 각 배마디 윗면에 가늘고 짙은 검은색 줄이 있으며, 가운데를 중심으로 긴 줄 2개와 짧은 줄 1개가 있다. 1, 2배마디에 무늬가 있다. 기관아가미는 배마디 위쪽으로 뻗는다. 넓적다리마디는 두껍고 앞다리는 모래를 파고 들어가기에 알맞은 모양이다. 꼬리는 3개이며 가늘고 긴 강모가 있다. 하천 중류 및 하류의 물이 천천히 흐르고 바닥이 모래로 된 곳에 산다. 성충 날개 중앙에는 엷은 검은색 무늬가 있으며, 유충과 같이 각 배마디 윗면 중앙에 줄무늬가 3쌍 있다. 꼬리는 3개로 매우 길며, 불빛에 민감해 먼 거리에서도 날아온다. 최근 수도권 큰 강 주변 가로등이나 상가, 주택가 등의 불빛에 대거 몰려드는 피해가 발생하고 있다.

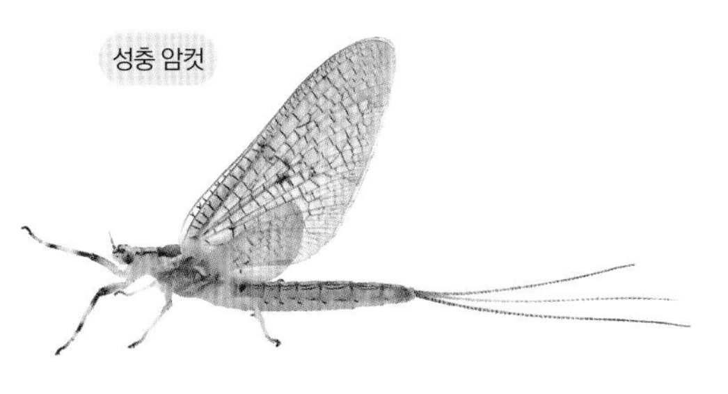
성충 암컷

성충 수컷

10 사할린하루살이

Ephemera sachalinensis Matsumura, 1931

주요 형질	서식지	분포
머리 앞쪽 돌출부, 1, 2배마디에 검은색 무늬 없음	하천 하류 바닥이 모래인 곳	한국, 일본, 중국, 러시아

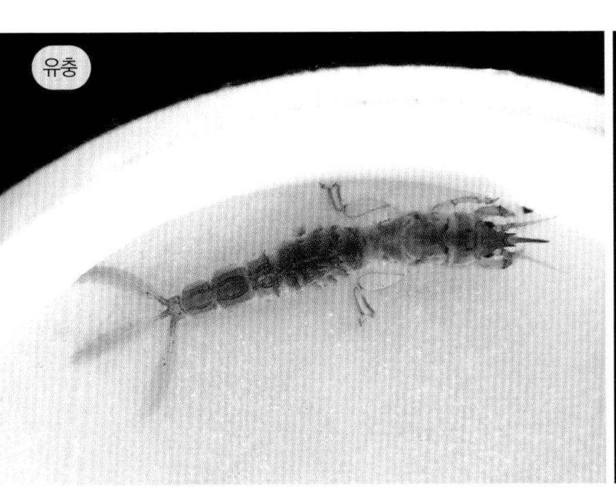
유충

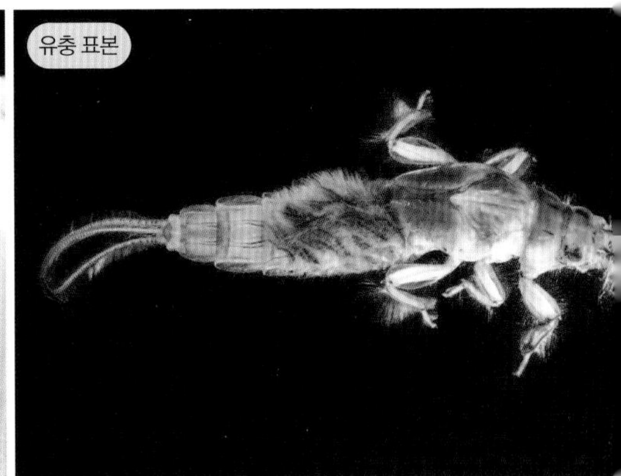
유충 표본

성숙 유충은 몸길이가 20~24mm이고 유선형으로 가늘고 길다. 머리 앞쪽으로 뻗은 큰턱돌출기는 가늘고 길며 안쪽으로 휘었다. 머리 앞쪽 돌출부는 큰턱돌출기보다 작고 동양하루살이보다 깊고 오목하며 넓게 벌어진다. 배마디 윗면 가운데를 중심으로 가늘고 짙은 검은색 긴 줄 2개와 짧은 줄 1개가 있다. 동양하루살이와 달리 1, 2배마디에 짙은 검은색 또는 갈색 무늬가 없다. 배마디 옆에 위쪽으로 뻗은 기관아가미가 있다. 각 다리 넓적다리마디는 두껍고 앞다리는 모래를 파고 들어가기에 알맞은 모양이다. 꼬리는 3개이며 긴 강모가 있다. 하천 중류 및 하류의 흐름이 느리며 바닥이 모래인 곳에 살며 동양하루살이와 같이 보인다.

성충은 날개 중앙에 엷은 검은색 무늬가 있으며, 유충과 같이 배마디 중앙에 줄무늬가 3쌍 있고, 1, 2배마디에도 무늬가 없다. 꼬리는 3개이며 매우 길다.

아성충 수컷 표본

가는무늬하루살이

Ephemera separigata Bae, 1995

주요 형질	서식지	분포
배마디 옆쪽 가느다란 세로 무늬	하천 상류 바닥이 모래인 곳	한국

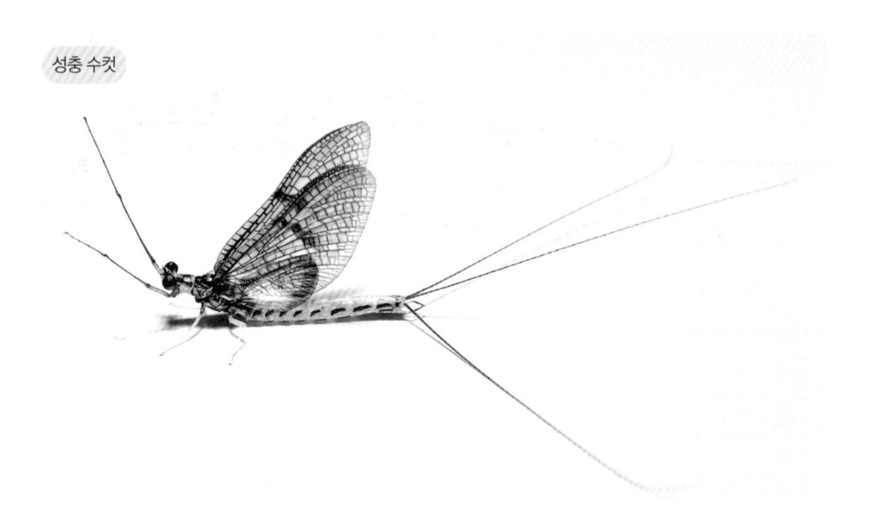
성충 수컷

성숙 유충은 몸길이가 18~20mm이고 유선형으로 가늘고 길다. 머리 앞쪽으로 뻗은 큰턱돌출기는 가늘고 길며 안쪽으로 휘었다. 머리 앞쪽 돌출부는 큰턱돌출기보다 작으며 오목하다. 배마디 윗면 양쪽에 가늘고 짙은 검은색 줄이 있다. 배마디 옆쪽에 위로 뻗은 기관아가미가 있다. 앞다리는 굵고 튼튼하며 각 다리의 넓적다리마디는 두껍다.

꼬리는 3개이며 가늘고 긴 강모가 있다. 하천 상류 평여울 바닥이 모래인 곳에 산다. 고도가 높은 찬물에 적응한 종이어서 수질 지표종으로 활용한다.

성충은 날개 중앙에 옅은 검은색 무늬가 있으며, 유충과 같이 각 배마디 양쪽에 가느다란 줄무늬가 있다. 꼬리는 3개로 매우 길다. 불빛에 민감하게 반응한다.

아성충 암컷

12 무늬하루살이

Ephemera strigata Eaton, 1892

주요 형질	서식지	분포
배마디 옆쪽 두꺼운 세로 무늬	하천 중류 바닥이 모래인 곳	한국, 일본, 러시아, 몽골

성숙 유충은 몸길이가 18~20mm이며 유선형으로 가늘고 길다. 머리 앞쪽으로 뻗은 큰턱돌출기는 가늘고 길며 안쪽으로 휘었다. 머리 앞쪽 돌출부는 큰턱돌출기보다 작으며 오목하다. 배마디 윗면 양쪽에 두껍고 짙은 검은색 줄이 있다.

배마디 옆쪽에 위로 뻗은 기관아가미가 있다. 앞다리는 굵고 튼튼하며 각 다리의 넓적다리마디는 두껍다. 꼬리는 3개이며 가늘고 긴 강모가 있다. 하천 중류 평여울 바닥이 모래인 곳에서 보인다. 고도가 조금 높은 곳에 분포하지만 가는무늬하루살이보다는 낮은 곳에 산다. 성충은 날개 중앙에 엷은 검은색 무늬가 있으며, 유충과 같이 각 배마디 양쪽에 두껍고 검은 줄무늬가 있다. 꼬리는 3개로 매우 길다. 불빛에 민감하게 반응한다.

성충 수컷

아성충 암컷

13 흰하루살이

Ephoron shigae (Takahashi, 1924)

주요 형질
몸이 흰색, 큰턱돌출기가 안쪽으로 휘어짐

서식지
하천 중류 또는 하류 바닥이 자갈과 모래인 곳

분포
한국, 일본

유충

성숙 유충은 몸길이가 18~20mm이고 전체적으로 흰색이다. 머리는 직사각형이며 짙은 갈색 무늬가 있다. 머리 앞쪽으로 뻗은 큰턱돌출기는 길며 돌기가 있고 끝이 안쪽으로 휘었다. 배 아랫면 첫 번째 기관아가미는 단순한 막대 모양이고, 나머지 기관아가미는 깃털 모양이며 흰색이다. 꼬리는 3개이며 강모가 있고 특별한 무늬가 없다. 하천 중류 또는 하류의 물살이 완만하고 자갈과 모래가 많은 곳에 산다.

성충은 전체적으로 흰색이며 가슴과 배 끝 두 마디가 갈색이고 날개는 흰색이다. 9월에 날개돋이한다. 국내에서는 매우 제한적으로 분포하며 일부 서식처에서는 대발생한다.

성충 수컷

아성충 암컷

14 방패하루살이

Potamanthellus chinensis Hsu, 1935

주요 형질	서식지	분포
2배마디 기관아가미가 크며 사각형	하천 하류 바닥에 호박돌과 모래, 진흙이 깔린 곳	한국, 중국, 극동 러시아

성숙 유충은 몸길이가 10~14mm이고 전체적으로 짙은 갈색이다. 머리에 돌기가 없으며, 앞가슴 옆쪽이 위로 확장되었다. 넓적다리마디와 종아리마디에 갈색 띠가 2개 있다. 2배마디에 사각형으로 큰 기관아가미가 있으며, 1, 2, 6~8배마디 윗면 가운데에 돌기가 있다. 3~6배마디에 있는 후측돌기는 크며 끝에 짧은 가시가 있다. 꼬리는 3개이며 각 마디에 짧은 가시가 있다. 꼬리 안쪽에 긴 강모가 빽빽하다. 폭이 넓은 강 하류에서 살며 호박돌과 모래 및 진흙으로 이루어진 정수역에 산다. 주로 돌 아래에서 기어다니며, 많은 개체가 모여 지내지는 않는다.

성충은 유충과 비슷한 짙은 갈색이며, 날개에 암갈색 무늬가 흩어져 있다. 꼬리는 3개이며 가운데 꼬리는 짧다. 각 마디마다 짙은 갈색 띠가 있다.

15 세뿔등딱지하루살이

Brachycercus tubulatus Tshernova, 1952

주요 형질	서식지	분포
머리에 뿔 모양 돌기 3개	하천 하류 큰 돌과 모래가 있는 곳	한국, 극동 러시아

성숙 유충은 몸길이가 약 5mm로 옅은 갈색이며 무늬가 없다. 머리에 뿔 모양 돌기가 3개 있는 것이 특징이다. 문헌에 따르면 한강과 같은 큰 강 하류에서 발견했다지만, 기록 이후 발견된 적이 없다. 생김새가 비슷한 등딱지하루살이와는 머리 모양이 확연히 다르다. 강 주변 개발로 멸절되었을 가능성이 높다.

16 뫼등딱지하루살이

Caenis moe Hwang & Bae, 1999

주요 형질	서식지	분포
2배마디 가운데 후측돌기 크기	하천 상류 및 중류 자갈과 부착조류가 있는 곳	한국

성숙 유충은 몸길이가 3~4mm로 작으며 조금 둥글납작하고 연약하다. 전체적으로 담갈색이며 밝은 무늬가 있다. 머리에 뿔 모양 돌기가 없으며, 아랫입술수염과 작은턱수염은 3마디로 이루어졌다. 가슴은 직사각형으로 머리보다 넓으며 뒤쪽 가장자리가 둥글다. 날개주머니는 서로 붙어 있으며 1배마디까지 내려간다. 배마디 후측돌기가 크고, 2배마디 가운데 돌기가 크다. 2배마디 기관아가미는 큰 사각형이며 능선이 보인다. 꼬리는 3개이며 각 마디에 강모가 있다. 유충은 계곡에서 채집 기록되었으며 성충은 아직 밝혀지지 않았고 국내 고유종으로 알려졌다.

17 등딱지하루살이

Caenis nishinoae Malzacher, 1996

주요 형질	서식지	분포
등딱지하루살이 종류 가운데 큰 편이며, 앞가슴이 역사다리꼴	하천 하류 정수역의 진흙이나 습지	한국, 일본, 중국

유충

성숙 유충은 몸길이가 4~5mm로 다른 등딱지하루살이 종류보다 크며 전체적으로 짙은 갈색이다. 아랫입술수염과 작은턱수염은 3마디이다. 앞가슴은 역사다리꼴이며 양쪽에 짙은 검은색 줄이 있다. 날개주머니는 서로 붙어 있으며 1배마디를 약간 넘을 만큼 뻗는다. 배마디 후측돌기가 크고, 2배마디 가운데 돌기는 작다. 2배마디의 기관아가미는 긴 사각형이며 끝이 뭉툭한 가시로 덮여 있다. 배마디 윗면 양옆에 짙은 무늬가 있다. 꼬리는 3개이며 꼬리 각 마디에 강모와 짙은 무늬가 있다. 가장 흔한 등딱지하루살이 종류로 하천의 정수역이나 습지 등에서 주로 보인다.

성충은 매우 연약하며 전체적으로 투명하다. 앞날개 위쪽 가두리가 짙다. 각 배마디 뒤 양쪽에 짙은 무늬가 있다.

유충 표본

성충 수컷

18 나팔등딱지하루살이

Caenis tuba Hwang & Bae, 1999

주요 형질	서식지	분포
등딱지하루살이 종류 가운데 가장 작고, 앞가슴 옆이 완만한 곡선	하천 하류 정수역 큰 돌과 모래가 있는 곳	한국

성숙 유충 몸길이가 2.5~3.5mm이고 등딱지하루살이 종류 가운데 가장 작다. 전체적으로 연한 갈색이며 가슴에 흰색 점들이 있다. 앞가슴은 직사각형이며 뒤쪽 옆이 둥그스름하다. 날개주머니는 서로 붙어 있으며 1배마디 끝에 이르지 않는다. 배마디에 후측돌기가 있고, 2배마디에 있는 가운데 돌기가 작다. 2배마디 기관아가미는 조금 긴 사각형이며, 가는 나팔 모양 털로 덮였으나 고배율 광학현미경으로나 볼 수 있는 정도이다. 배마디 양옆에 엷은 갈색 무늬가 있으며 그 외 특별한 무늬는 없다. 꼬리는 3개로 투명하며 각 마디에 강모가 있다. 큰 강 가장자리 정수역에서 주로 보이며, 국내에서 성충이 기록된 적은 없다.

19 민하루살이

Cincticostella levanidovae Tshernova, 1952

주요 형질	서식지	분포
2~9배마디 윗면에 돌기 1쌍과 줄무늬	하천 상류와 중류 큰 돌과 자갈이 깔린 곳	한국, 일본, 중국, 극동 러시아

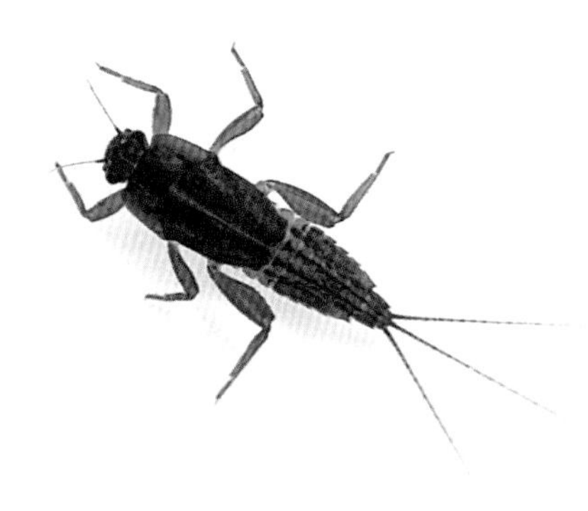

성숙 유충은 몸길이가 10~15mm이고 전체적으로 짙은 갈색 또는 검은색이다. 몸이 납작하며 머리가 가슴보다 작다. 앞가슴은 넓고 옆으로 튀어나왔다. 2~9배마디까지 마디마다 돌기가 1쌍씩 있으며 가운데 줄무늬와 함께 돌기를 따라 검은색 무늬가 있다. 각 배마디에 있는 납작한 기관아가미가 배를 덮는다. 꼬리는 3개이며 짧은 강모가 있고 마디마다 무늬가 있다. 하천 상류와 중류의 수심이 얕고 자갈 및 호박돌이 많은 곳에 산다.

성충은 전체적으로 녹색 빛을 띠고 다리는 연한 노란색이다. 각 배마디 윗면에 갈색 줄이 4개 있으며, 꼬리는 3개이고 마디마다 무늬가 있다.

20 먹하루살이

Cincticostella orientalis (Tshernova, 1952)

주요 형질	서식지	분포
몸은 짙은 갈색 또는 검은색, 5~9배마디 윗면에 돌기 1쌍	하천 상류 큰 돌과 자갈이 깔린 곳	한국, 중국, 극동 러시아

성숙 유충은 몸길이가 10~15mm이고 전체적으로 짙은 갈색 또는 검은색이며 광택이 있다. 생김새가 비슷한 민하루살이보다 작으며 통통하고 다리는 짧다. 머리가 가슴보다 작으며, 배마디에 있는 납작한 기관아가미가 배를 덮는다. 5~9배마디 윗면에는 날카로운 돌기가 1쌍씩 있으며, 민하루살이와 달리 돌기를 따라 검은 무늬가 없다. 앞가슴은 넓고 옆으로 튀어나왔다. 꼬리는 3개이며 짧은 강모가 있다. 계류나 하천 상류의 큰 돌과 자갈이 깔리고 물이 잘 흐르며 깨끗한 곳에 산다.

21 뿔하루살이

Drunella aculea (Allen, 1971)

주요 형질
머리에 긴 돌기 2개와 짧은 돌기 1개, 앞다리 넓적다리 마디 앞쪽으로 뾰족한 돌기와 알갱이 같은 돌기

서식지
하천 상류 및 중류 수심이 얕은 곳에서부터 깊은 곳까지

분포
한국, 중국, 극동 러시아

성숙 유충은 몸길이가 20~25mm이고 전체적으로 짙거나 엷은 갈색이며, 돌에 달라붙기 알맞게 납작하다. 머리 앞쪽에 길고 뾰족한 돌기가 2개 있고, 그 사이에 짧은 돌기가 1개 있으며, 양옆에 매우 작은 돌기가 있다. 앞가슴은 사다리꼴이다. 각 배마디 윗면에는 흔적처럼 보이는 돌기가 1쌍씩 있으며 양옆으로는 후측돌기가 있다. 기관아가미는 3~7배마디에 있다. 각 다리 넓적다리마디는 두껍고 튼튼하다. 앞다리 넓적다리마디 윗면에는 알갱이 같은 돌기가 퍼져 있으며, 앞쪽으로는 크고 작은 돌기가 돋아 있다. 꼬리는 3개이고 각 마디에 짧은 강모와 가늘고 긴 털이 있다. 하천 상류 또는 중류 평여울의 큰 돌이나 호박돌에 붙어 지낸다.
성충은 다른 종에 비해 큰 편이며 통통하다. 머리와 앞가슴은 검은색이며 그 외 부위는 갈색 바탕에 노란색 줄이 있다. 각 다리는 갈색이며 앞다리 종아리마디만 검은색이다. 꼬리는 3개이며 기부는 검은색이다.

성충 암컷

알통하루살이

Drunella ishiyamana Matsumura, 1931

주요 형질	서식지	분포
머리 앞쪽에 짧은 돌기 3개, 앞다리 넓적다리마디 윗면에 돌기가 없으며 융기선 뚜렷	하천 상류 물이 잘 흐르고 깨끗한 곳	한국, 중국, 극동 러시아

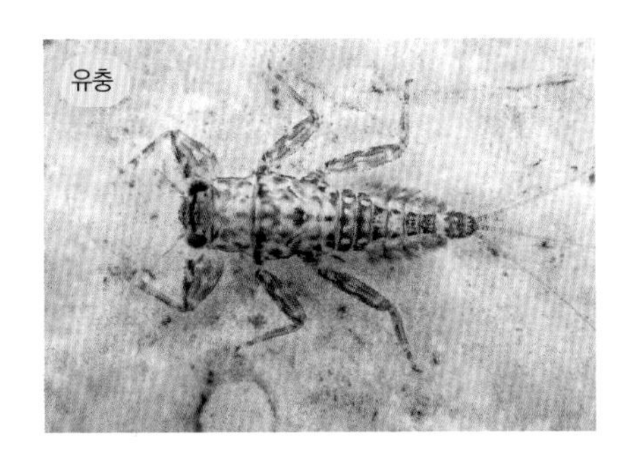
유충

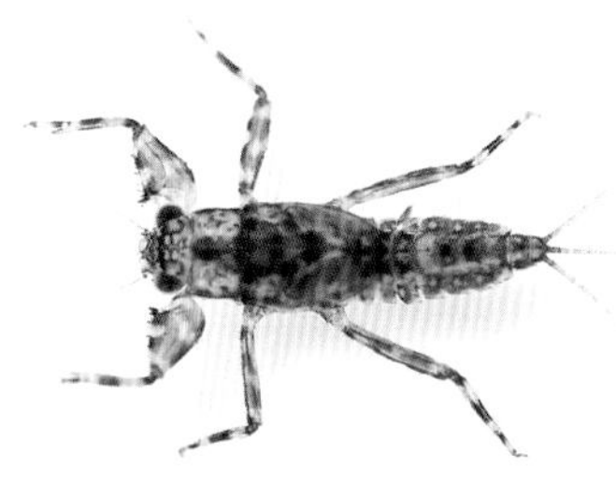

성숙 유충은 몸길이가 10~15mm이고 다른 알통하루살이 종류보다 작고 납작하다. 전체적으로 갈색 또는 적갈색이며 머리 앞쪽에 크기가 비슷한 돌기가 3개 있다. 앞가슴등판은 사각형으로 넓다. 2배마디부터는 작은 돌기들이 보이며, 기관아가미는 배 옆을 덮는다. 다리에는 검은색 무늬가 있다. 앞다리 넓적다리마디 앞쪽으로는 돌기가 있으나 뿔하루살이와는 달리 윗면에는 알갱이 같은 돌기가 없고 융기선이 뚜렷하다. 꼬리는 3개이며 각 마디에 짧은 강모가 있다. 하천 상류 차갑고 맑은 여울에 살며 자갈이나 돌 밑에서 지낸다.

성충은 갈색 또는 녹황색이며, 배마디 아랫면에 짙은 갈색 무늬가 있다. 꼬리는 3개이며, 기부는 검고 중간쯤부터 옅어진다.

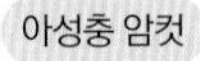
아성충 암컷

23 쌍혹하루살이

Drunella lepnevae (Tshernova, 1949)

주요 형질	서식지	분포
머리에 긴 돌기가 없으며, 겹눈 사이에 작은 돌기 2개	하천 상류와 중류 흐름이 빠른 곳	한국, 중국, 극동 러시아

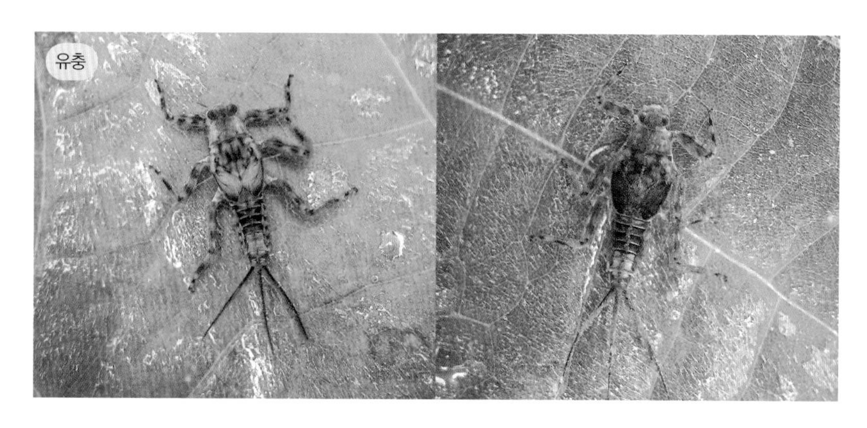

성숙 유충은 몸길이가 10~15mm이고 납작하며 다른 알통하루살이 종류와 달리 완만하게 둥글다. 머리도 둥글며 정수리에 작은 돌기가 2개 있다. 가슴부터 배마디 끝까지 중앙선을 따라 짧은 강모가 줄지어 있다. 1~6배마디는 검은색이며 7~10배마디는 옅은 갈색이다. 2~9배마디에는 작은 돌기가 1쌍씩 있다. 기관아가미는 배 옆을 덮는다. 각 다리마디에 검은색 줄이 2개씩 있다. 꼬리는 3개이며 마디마다 짧은 강모가 있고 기부와 중간에 검은색 무늬가 있다. 대부분 깨끗한 계류 또는 상류 여울의 큰 돌 위에 붙어 지낸다.

24 얼룩뿔하루살이

Drunella solida Bajkova, 1980

주요 형질	서식지	분포
가슴에 밝은 무늬	하천 중류 자갈과 모래가 깔린 여울	한국, 극동 러시아

성숙 유충은 몸길이가 15~20mm이며 전체적으로 밝고 갈색 무늬가 흩어져 있다. 머리 앞쪽에 짧은 돌기가 2개, 조금 긴 돌기가 3개 있다. 앞가슴등판은 넓은 사각형이며 모서리가 조금 뾰족하다. 앞가슴 뒷부분에 검은색 가로줄이 있으며, 날개주머니는 서로 붙어 있다. 날개주머니를 따라 검은색 가로무늬가 있으며 비슷한 다른 종에 비해 뚜렷하다. 3배마디부터는 흔적 같은 돌기가 있으며, 어두운 띠가 있는 개체가 많다. 앞다리 넓적다리마디는 튼튼하며 앞쪽에 돌기가 있다. 각 다리 마디마다 검은색 띠가 있다. 하천 상류 차고 맑은 여울의 자갈이나 돌 밑에 붙어 지낸다.

성충은 꼬리가 3개이며 꼬리 기부는 검은색이고 중간부터는 옅어진다.

25 삼지창하루살이

Drunella triacantha (Tshernova, 1949)

주요 형질	서식지	분포
머리 앞으로 뻗은 크기가 비슷한 돌기 3개	하천 중상류 자갈과 모래로 이루어진 깨끗한 여울	한국, 일본, 러시아

성숙 유충은 몸길이가 15~20mm이고 전체적으로 밝으며 짙은 갈색 무늬가 있다. 머리 앞쪽에 작은 돌기 2개와 크기가 비슷한 긴 돌기 3개가 있다. 앞가슴등판은 넓은 사각형이며 모서리는 조금 뾰족하고 아래쪽이 넓다. 날개주머니 부근에 짙은 갈색 또는 검은색 띠가 있다. 1, 9, 10배마디는 짙은 갈색이다. 각 배마디 윗면에는 흔적 같은 돌기가 1쌍씩 있으며 후측돌기는 뾰족하다. 각 다리 넓적다리마디와 앞다리 종아리마디에는 갈색 띠가 있다. 앞다리 넓적다리마디는 튼튼하며 앞쪽으로 돋은 가시가 많다. 꼬리는 3개이며 무늬가 없고 양쪽으로 긴 강모가 있다. 하천 중상류 맑은 여울의 돌 밑에서 납작하게 붙어 지낸다.

26 긴꼬리하루살이

Ephacerella longicaudata Uéno, 1928

주요 형질	서식지	분포
가운데가슴 양옆에 튀어나온 삼각형 돌기	하천 하류 큰 돌과 모래, 뻘로 이루어진 곳	한국, 일본

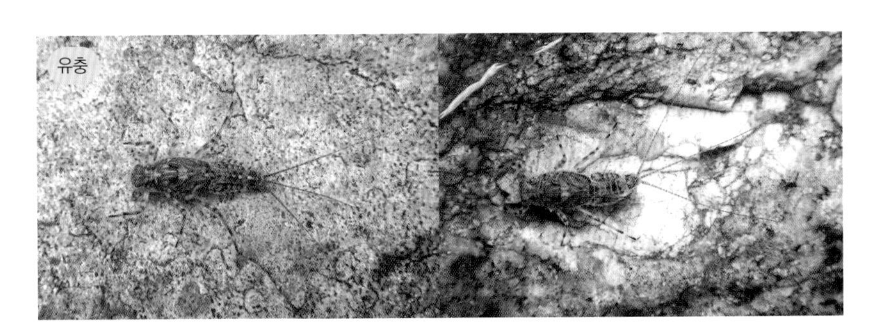

성숙 유충은 몸길이가 10~15mm이고 전체적으로 짙은 갈색이다. 앞가슴은 사각형이며 위쪽이 좁다. 가운데가슴 양옆에 삼각형 돌기가 튀어나온다. 각 배마디에 후측돌기와 기관아가미가 있으며 마지막 기관아가미는 작다. 2~9배마디 윗면에 돌기가 1쌍씩 있다. 6, 7, 9, 10배마디는 다른 배마디보다 짙은 갈색이다. 다리는 길며 각 마디에 짙은 갈색 띠가 있다. 꼬리는 3개이며 각 마디에 짙은 갈색 띠와 강모가 있다. 폭이 넓은 강 정수역의 바닥이 큰 돌과 모래, 진흙으로 이루어진 곳에서 보인다.

성충 수컷은 겹눈이 크고 앞다리가 길며 짙은 갈색이다. 배마디는 특별한 무늬가 없는 갈색이며, 날개는 투명하다. 꼬리는 3개로 길다. 암컷은 겹눈이 작고 앞다리가 짧으며, 발목마디 색이 다른 마디보다 짙다.

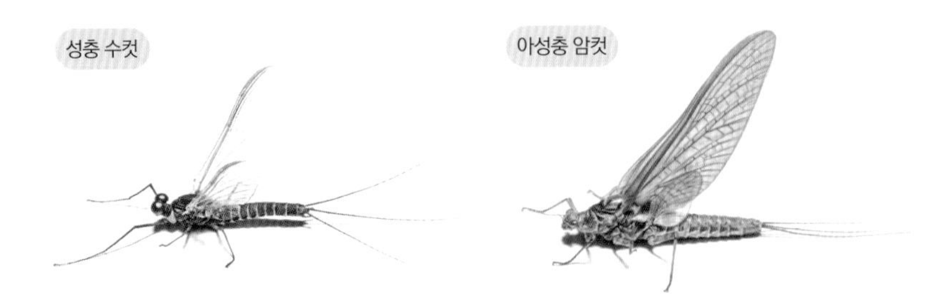

27 알락하루살이

Ephemerella atagosana Imanishi, 1937

주요 형질	서식지	분포
2~9배마디에 각각 1쌍씩 있는 돌기, 가운데가슴에 있는 흰색 띠	하천 중류 바닥이 자갈과 모래인 곳	한국, 극동 러시아

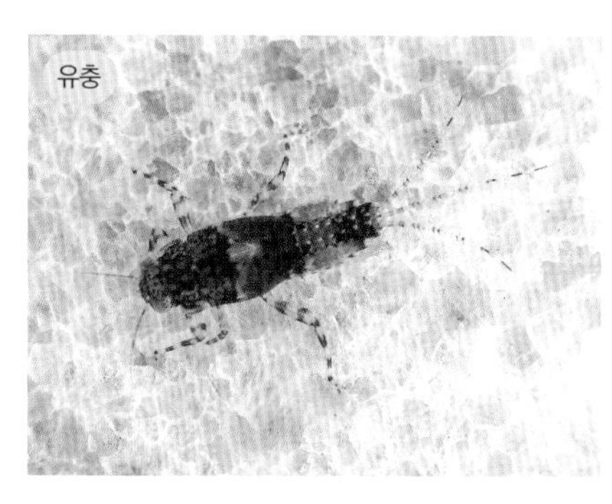

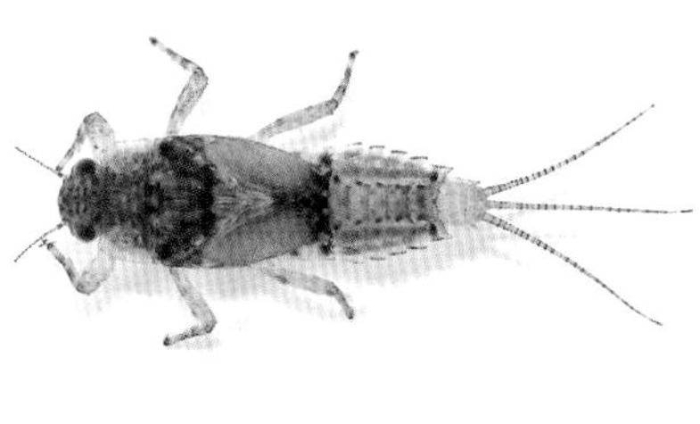

성숙 유충은 몸길이가 약 10mm이고 전체적으로 갈색이다. 머리 중앙부 뒤쪽으로 짙은 무늬가 있다. 앞가슴은 사다리꼴이며 위쪽 옆이 조금 튀어나왔고 특별한 무늬는 없다. 가운데가슴에는 날개주머니 기부 주변으로 엷은 흰색 띠가 있다. 2~9배마디에는 각 1쌍씩 돌기가 있고, 돌기 안쪽으로 작은 돌기들이 빽빽하다. 후측돌기가 크며, 1, 8, 9배마디는 다른 배마디보다 색이 짙다. 꼬리는 3개로 뒤쪽에 짙은 무늬가 있으며 각 마디에 짧은 강모가 있다. 유기물이 있는 곳에서도 사는 것으로 보이며, 여울보다는 하천변 정수역을 좋아한다.
성충은 유충이 사는 곳 주변에서 보이며, 앞다리 종아리마디와 발목마디 색이 짙고, 배마디 옆쪽으로 짙은 띠가 있다.

28 다람쥐하루살이

Ephemerella aurivillii (Bengtsson, 1909)

주요 형질	서식지	분포
다리에 짙은 갈색 무늬, 몸 윗면 중앙을 따라 흰색 줄	하천 중류 및 하류 바닥이 자갈과 모래인 곳	한국, 북한, 일본, 중국

유충

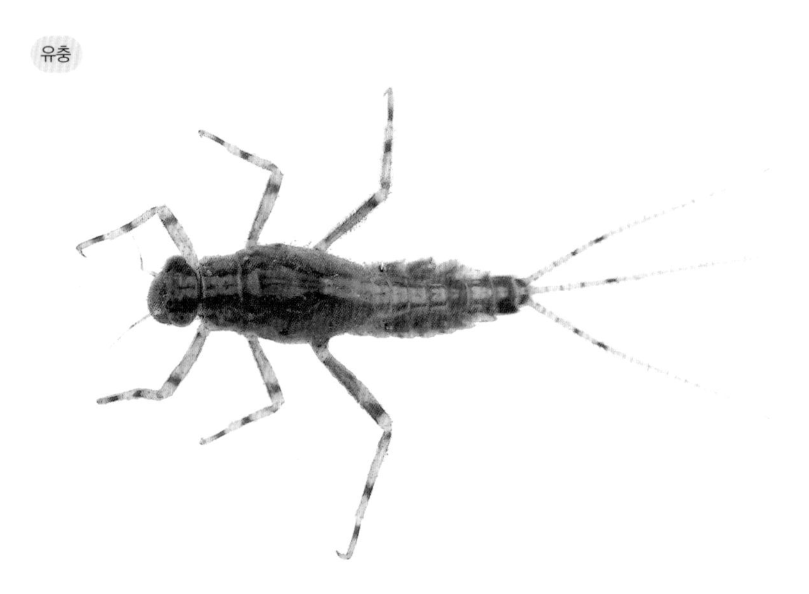

성숙 유충은 몸길이가 10~15mm이고 전체적으로 갈색이며 몸 윗면 중앙을 따라 넓은 흰색 줄이 있다. 각 다리의 넓적다리마디, 종아리마디, 발목마디에 짙은 갈색 띠가 있다. 꼬리는 3개이며 중간에서 윗부분에 검은색 띠가 있고 강모가 있다. 북한에서 기록된 종지만, 북쪽에서 발원해 경기 연천까지 흘러드는 사미천에서도 사는 것으로 보인다.

29 칠성하루살이

Ephemerella imanishii Gose, 1980

주요 형질	서식지	분포
머리와 가슴에 돌기 7개	청정한 하천 상류 여울	한국, 일본

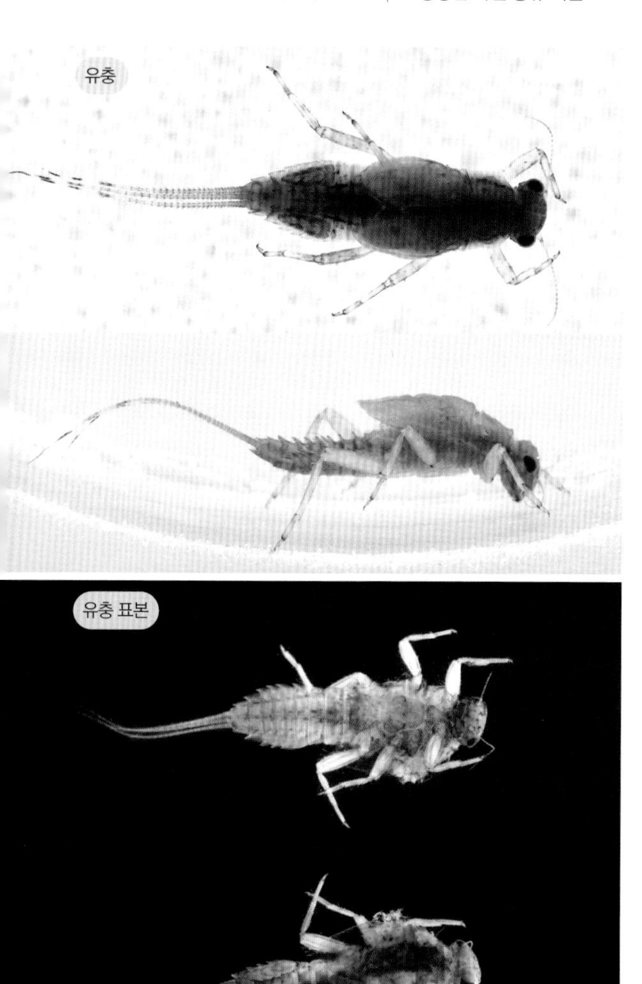

성숙 유충은 몸길이가 8~10mm이고 전체적으로 연한 갈색이다. 다른 알락하루살이 종류보다 길쭉하며 겹눈이 크고 검은색 무늬가 불규칙하게 퍼져 있다. 몸에 돌기가 7개 있어 칠성하루살이라고 불리며, 돌기는 머리 겹눈 사이에 1쌍, 앞가슴에 1쌍, 가운데가슴에 역삼각형으로 3개 있다. 배마디 옆 기관아가미는 납작하며, 1~9배마디 윗면에 간격이 넓은 돌기가 1쌍씩 있는데, 1, 9배마디 돌기는 매우 작거나 흔적만 남았고 2~8배마디 돌기는 뚜렷하다. 꼬리는 3개이며 각 마디에 미세한 노란색 강모가 있으며, 뒤쪽으로 갈수록 가늘고 긴 털이 있다. 청정 하천의 계류 쪽에서 주로 보이나 분포 지역이 제한적이다.

30 흰등하루살이

Ephemerella kozhovi Bajkova, 1967

주요 형질	서식지	분포
배마디에 흔적처럼 있는 돌기, 가슴에 밝은 무늬	계곡 중류 및 하류 바닥이 호박돌과 모래인 곳	한국, 극동 러시아

성숙 유충은 몸길이가 8~10mm이고 전체적으로 연한 갈색이다. 머리 앞쪽과 뒤쪽 배마디는 색이 짙다. 가운데가슴과 날개주머니에 걸쳐 가로로 연한 흰색 띠가 있으나 뚜렷하지 않다. 머리와 가슴에 돌기가 없으며, 4~8배마디 윗면에는 흔적만 남은 듯한 돌기가 1쌍씩 있고 후측돌기가 뚜렷하다. 꼬리는 3개이며 각 마디에는 미세한 강모가 있고 뒤쪽으로 갈수록 가늘고 긴 털이 있다. 계곡 상류보다는 중하류에 살며 바닥이 호박돌과 굵은 모래로 이루어진 곳을 좋아하나 수변에서도 보인다.

31 쇠꼬리하루살이

Serratella ignita (Poda, 1761)

주요 형질	서식지	분포
2~8배마디 윗면에 돌기 1쌍	하천 상류 및 중류 바닥이 큰 돌과 모래로 이루어진 곳	한국, 러시아

성숙 유충은 몸길이가 8~10mm이고 갈색이다. 머리와 가슴에 돌기가 없으며, 머리 뒤쪽과 가슴 부분 색이 다른 부분보다 짙다. 2~8배마디 윗면에 길고 뾰족한 돌기가 1쌍씩 있다. 배마디 뒤쪽 양옆에 세로로 매우 가늘고 긴 갈색 줄이 있다. 꼬리는 3개이며 각 마디에 미세한 강모가 있고 양쪽으로 가늘고 긴 털이 있다. 주로 북부 지역의 특정 하천에서만 보이며 러시아에도 분포하는 것으로 보아 찬물에 적응한 종으로 추정한다. 정수역보다는 여울을 좋아하며 큰 돌과 모래가 깔린 곳에서 보인다.

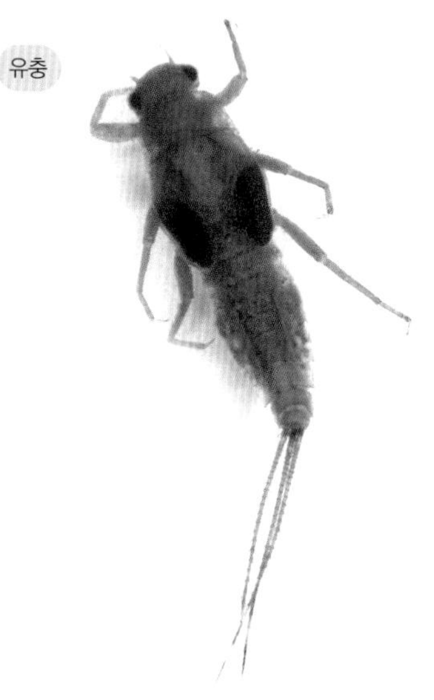
유충

유충 표본

32 범꼬리하루살이

Serratella setigera (Bajkova, 1967)

주요 형질	서식지	분포
배마디에 흔적만 남은 듯한 돌기	하천 중류 및 하류 바닥이 자갈과 모래로 이루어진 여울	한국, 일본, 러시아

성숙 유충은 몸길이가 6~10mm로 다른 알락하루살이 종류보다 작다. 전체적으로 짙은 갈색이며 불규칙하게 암갈색 무늬가 있다. 머리는 앞가슴보다 작다. 3~9배마디 윗면에 흔적만 남은 듯한 돌기가 있으며, 그 부위에 짧은 강모가 있다. 후측돌기는 뚜렷하다. 다리에 짙은 갈색 무늬가 있으며 넓적다리마디 윗면에 강모가 줄지어 있다. 꼬리는 3개이며 짙고 옅음이 반복되고 각 마디에 강모가 있다. 하천의 자갈과 모래로 이루어진 여울에 살며 물에 떠다니는 나뭇가지에 붙은 것도 보인다.

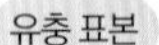
유충 표본

33 굴뚝하루살이

Serratella zapekinae (Bajkova, 1967)

주요 형질	서식지	분포
몸 중앙을 따라 있는 흰색 줄	하천 하류 바닥이 모래인 곳의 가장자리	한국, 극동 러시아

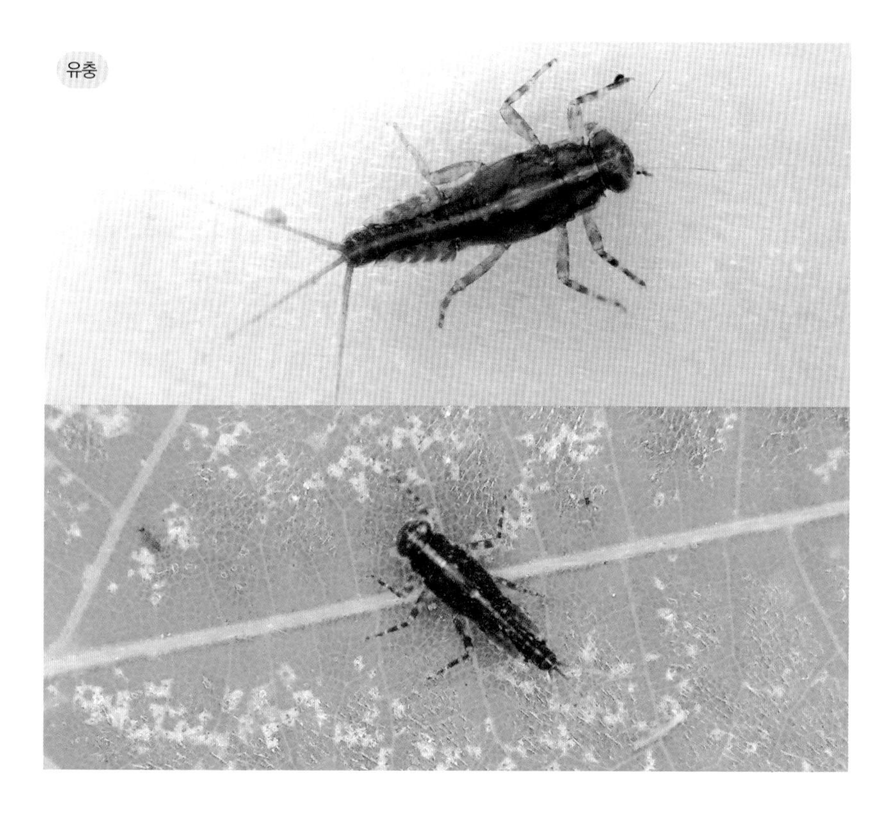

성숙 유충은 몸길이가 8~10mm이고 유선형이다. 전체적으로 짙은 갈색이며, 머리와 가슴에 돌기가 없고, 머리부터 배 끝까지 흰색 줄이 이어진다. 1~9배마디 윗면에는 가늘고 긴 돌기가 있으며, 돌기 끝에는 짧은 털이 있다. 후측돌기는 뚜렷하며, 기관아가미 바깥쪽으로 짧은 강모가 있다. 각 다리에 짙은 갈색 줄이 있으며, 앞다리 넓적다리마디에는 짧은 강모가 있다. 꼬리는 3개이며 양쪽으로 가늘고 긴 털이 있다. 넓은 하천의 가장자리에 살며 바닥이 단순한 모래인 정수역에서 보인다.

34 등줄하루살이

Teloganopsis punctisetae (Matsumura, 1931)

주요 형질	서식지	분포
머리 뒤에서부터 가슴까지 이어지는 흰색 줄 2개	하천 하류 바닥에 자갈과 유기물이 깔린 곳	한국, 일본, 러시아

유충

성숙 유충은 몸길이가 6~8mm이고 유선형이다. 몸은 짙은 갈색이며 겹눈 앞쪽에 가로로 흰색 줄이 있다. 머리부터 가슴까지 이어지는 흰색 줄이 2개 있으며, 가운데가슴에 흰 점이 2개 있다. 배마디에 뚜렷한 돌기가 없으며, 후측돌기는 뚜렷하고, 4, 7배마디에 흰색 무늬가 있다. 각 다리 마디마다 짙은 갈색 줄이 있으며, 넓적다리마디에는 센 강모가 있다. 꼬리는 3개이며 양쪽으로 짧은 강모가 있고 끝에 짙은 무늬가 있다. 대부분 유기물이 풍부한 곳에 많은 수가 모여 살며 정수역보다는 유수역에서 많이 보인다.

성충은 유충 서식처 주변 물가에서 흔히 보이며, 수컷은 유충과 비슷하게 4, 7배마디가 밝다. 날개는 검고, 다리는 연한 갈색이지만 발목마디는 색이 짙다.

아성충 수컷

아성충 암컷

짧은꼬리하루살이

Teloganopsis chinoi (Gose, 1980)

주요 형질	서식지	분포
꼬리가 짧고, 머리와 가슴에 세로줄이 없음	큰 하천 하류 바닥에 큰 돌과 모래가 깔린 곳	한국, 일본

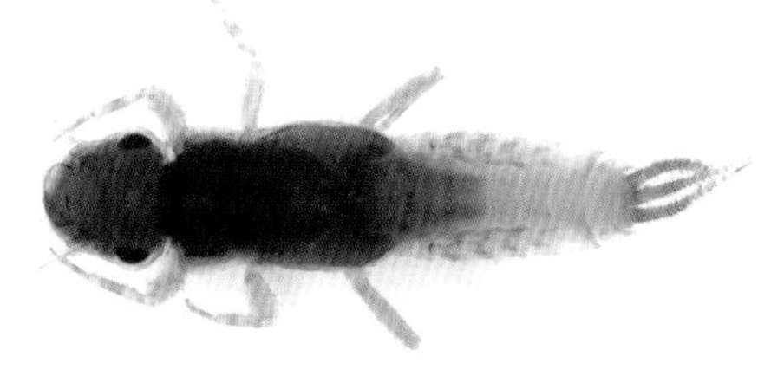

성숙 유충은 몸길이가 6~6.5mm로 같은 속의 다른 종보다 작으며 유선형이고 접영을 하듯이 헤엄친다. 큰턱은 가늘고 날카로운 이빨 여러 개로 이루어진다. 전체적으로 짙거나 옅은 갈색이며 머리와 몸통에 무늬가 없다. 앞가슴등판은 직사각형이며 위쪽이 조금 넓다. 배마디에는 뚜렷한 돌기가 없으며, 기관아가미는 3~7배마디까지 덮였고, 마지막 7배마디 기관아가미는 작다. 각 다리 종아리마디에 옅은 갈색 무늬가 있으며, 넓적다리마디에는 조금 길고 두꺼운 돌기 4~5개가 줄지어 있다. 꼬리는 3개이며 약 2mm로 배마디 길이보다 짧다. 꼬리 각 마디 끝에 짙은 갈색 무늬와 뚜렷한 가시가 있다. 대부분 유기물이 풍부한 큰 강에서 정수역보다는 큰 돌과 모래가 깔린 유수역에서 보이며, 생김새가 비슷한 등줄하루살이와도 함께 보인다.

36 세모알락하루살이

Torleya japonica (Gose, 1980)

주요 형질	서식지	분포
크고 길게 뻗은 3배마디 기관아가미	하천 하류 바닥 여울 지역	한국, 일본

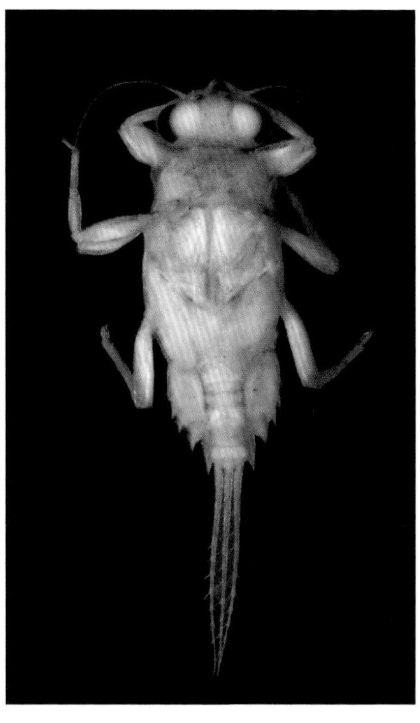

성숙 유충은 몸길이가 4~7mm이며 다른 알락하루살이 종류보다 작다. 몸은 주로 엷은 갈색이며 다양한 갈색 무늬가 흩어져 있다. 배 아랫면은 흰색에 가깝고 긴 털로 덮여 있다. 위턱 뒤쪽에 매우 적은 강모가 있으며 수염은 없고, 아래턱에는 섬모와 같은 강모가 있다. 앞가슴 가운데 부분은 밝고 가장자리는 짙으며, 가운데가슴 양쪽에는 갈색 무늬가 있다. 발톱은 2개이며 가시가 4개 있다. 3배마디 기관아가미는 매우 크고 길며 아래쪽으로 늘어진다. 꼬리는 3개이며 갈색 무늬가 있고 각 마디 위쪽에 긴 강모가 있다. 하천 하류의 바닥에 자갈과 모래가 깔린 여울에 산다.

37 피라미하루살이

Ameletus costalis (Matsumura, 1931)

주요 형질	서식지	분포
윗입술 무늬, 배마디 무늬, 후측돌기, 기관아가미	산간계류 및 고도가 높은 곳의 여울	한국, 일본, 극동 러시아

유충

성숙 유충은 몸길이가 15~20mm이고 유선형이며 짙거나 옅은 갈색이다. 윗입술에 갈색 V자 무늬가 있으며 가장자리는 흰색이다. 기관아가미는 달걀 모양이며 1, 2배마디의 기관아가미가 3~7배마디의 것보다 작다. 기관아가미에 갈색 띠가 있다. 배마디 윗면에는 흰색 역삼각형 무늬가 뚜렷하며, 옆쪽 후측돌기는 뾰족하다. 꼬리에 강모가 줄지어 나며 중간쯤과 끝에 검은색 띠가 있다. 산간계류의 흐름이 빠른 여울에 산다.

성충 수컷

아성충 암컷

38 멧피라미하루살이

Ameletus montanus Imanishi, 1930

주요 형질	서식지	분포
배 윗면에 둥근 무늬 1쌍	하천 상류와 중류 바닥이 자갈과 모래인 평여울	한국, 일본, 극동 러시아

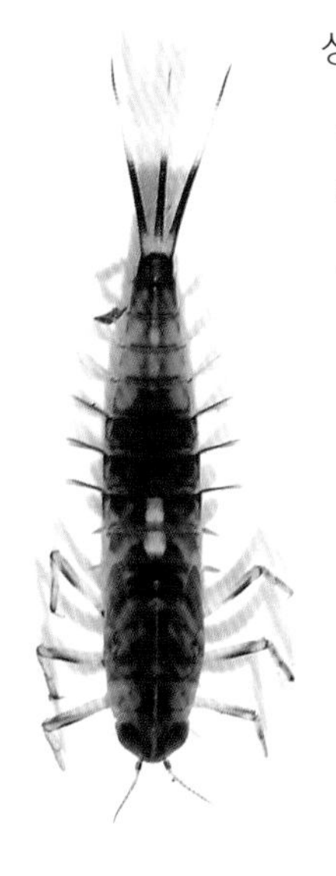

성숙 유충은 몸길이가 10~15mm이고 유선형이며 피라미하루살이보다 작다. 전체적으로 짙거나 옅은 갈색이다. 윗입술 가장자리가 갈색이어서 피라미하루살이와 구별된다. 배마디 윗면 한가운데에 동그란 무늬가 있으며, 4, 5, 9, 10배마디 전체는 짙은 갈색이다. 후측돌기는 뾰족하다. 기관아가미는 달걀 모양이며 갈색 띠가 있고, 1, 2배마디 기관아가미가 3~7배마디 것에 비해 작다. 꼬리에 강모가 줄지어 나며, 중앙부까지는 짙은 갈색이고 그 뒤로 흰색이다가 끝에는 검은색 띠가 있다. 하천 상류보다 중류나 중상류의 물살이 빠른 구간에 살며 다른 비슷한 종과 동시에 보이는 일은 드물다.

성충은 전체적으로 짙은 갈색이며 가운데다리와 뒷다리는 연한 갈색이다.

39 깨알하루살이

Acentrella gnom (Kluge, 1983)

주요 형질	서식지	분포
몸집이 작고, 배에 돌기가 없으며, 꼬리가 3개	하천 중류 및 하류 바닥에 큰 바위와 모래가 깔린 곳	한국, 일본, 극동 러시아

유충

성충 수컷

성숙 유충은 몸길이가 약 3mm로 매우 작고 납작하다. 각 배마디 윗면에 점이 2개씩 있으며, 색이 밝은 9, 10배마디를 제외한 나머지는 짙거나 옅은 갈색이다. 기관아가미는 달걀 모양이며 약하고 투명하다. 다리에는 짙은 갈색 무늬가 있다. 꼬리는 3개이며 가운데 꼬리가 짧으며, 꼬리 양쪽에는 긴 강모가 줄지어 있다. 꼬리가 3개인 것으로 생김새가 비슷한 다른 종과 쉽게 구별한다. 여울 지역의 큰 바위나 돌 밑에 붙어 지낸다.

성충은 매우 작고 몸과 날개가 투명하며, 많은 수가 한 번에 날개돋이하고는 곧 죽는다. 유충과 마찬가지로 꼬리가 3개이다.

40 콩알하루살이

Acentrella sibirica (Kazlauskas, 1963)

주요 형질	서식지	분포
몸집이 작고 납작하며, 배에 돌기가 없고, 꼬리가 2개	하천 중류 및 하류 바닥에 큰 돌과 모래가 깔린 곳	한국, 일본

유충

성숙 유충은 몸길이가 약 3mm로 작고 납작하며 전체적으로 갈색이다. 생김새가 비슷한 깨알하루살이보다 유선형에 가깝다. 기관아가미는 달걀 모양이고 연약하며 투명하다. 각 배마디 윗면에 반점이 2개씩 있고 그 안에 흰 무늬가 있다. 각 다리 발목마디 위쪽에 짙은 무늬가 있다. 깨알하루살이와 달리 가운데꼬리가 없으며 꼬리 양쪽에 긴 강모가 줄지어 있다. 여울의 큰 바위나 돌 밑에 붙어 지낸다.

유충

41 길쭉하루살이

Alainites muticus (Linnaeus, 1758)

주요 형질	서식지	분포
몸이 길쭉하고 배마디 끝에 측판	하천 상류에 바위와 자갈이 있는 곳	한국, 러시아

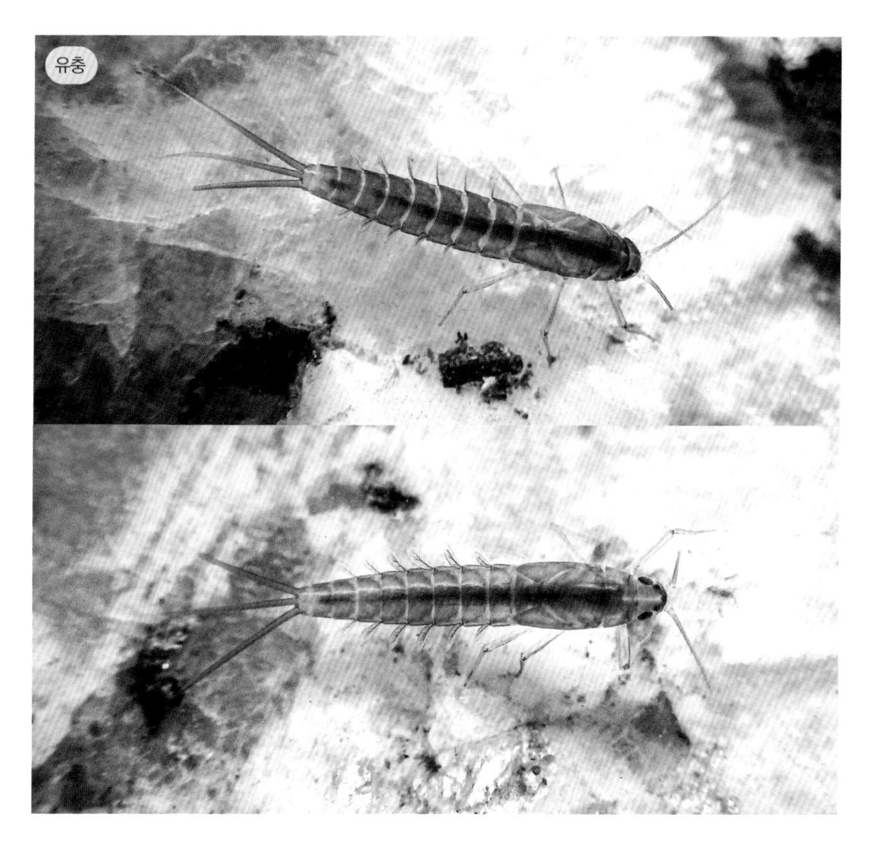

성숙 유충은 몸길이가 7~10mm이고 긴 유선형이며 연약하고 밝은 갈색이다. 현장에서 보면 깜장하루살이와 생김새가 매우 비슷하지만 전체적으로 색이 더 연하며, 마지막 배마디 윗면이 선명한 흰색이 아니다. 마지막 배마디 아랫면 끝에 있는 항문판 안쪽 끝이 튀어나왔다. 산간계류의 흐름이 있고 바닥이 모래와 호박돌로 이루어진 곳에서 보이나 개체수는 드물다. 성충은 아직까지 밝혀지지 않았다.

애호랑하루살이

Baetiella tuberculata (Kazlauskas, 1963)

주요 형질	서식지	분포
배마디 윗면 중앙에 돌기	하천 하류 바닥에 유기물이 많은 여울	한국, 일본, 러시아

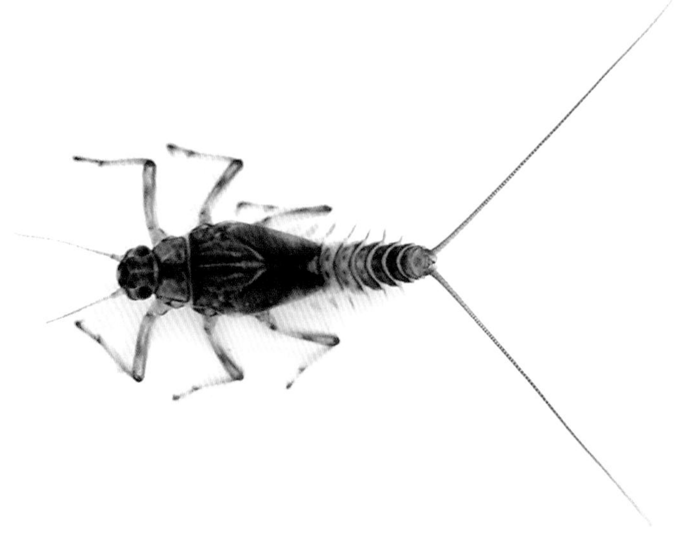

성숙 유충은 몸길이가 5~7mm이고 전체적으로 담갈색이며 조금 납작하다. 배마디 윗면은 검은색과 흰색이 대비를 이루고, 9, 10배마디는 흰색이지만 9배마디 가운데에는 검은색 무늬가 있다. 1~7배마디 중앙에 끝이 뭉뚝한 돌기가 있다. 각 배마디에 달걀 모양으로 투명한 기관아가미가 1쌍씩 있다. 다리의 각 마디 윗부분에 검은색 무늬가 있다. 발톱은 길고 안쪽에 돌기가 있어 물이 흐르는 곳에서도 바닥에 잘 달라붙어 떠내려가지 않는다. 꼬리는 양쪽 2개가 매우 길고 강모가 줄지어 있으며 가운데 꼬리는 매우 작고 조금 뾰족하다. 하천 하류의 유기물이 많고 모래가 많이 깔린 여울에서 돌에 붙어 지낸다.

43 개똥하루살이

Baetis fuscatus (Linnaeus, 1761)

주요 형질	서식지	분포
배마디 윗면 흰색 점무늬	하천 중류와 하류 바닥에 유기물이 많은 곳	한국, 일본, 러시아

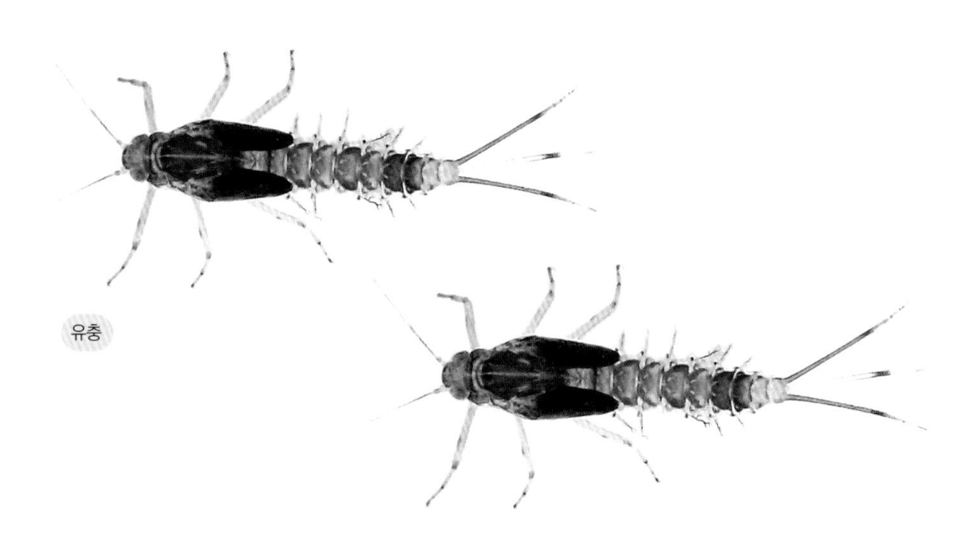

유충

성숙 유충은 몸길이가 5~6mm로 유선형이며 길쭉하고 전체적으로 짙거나 연한 갈색이다. 배마디 끝에 작고 뾰족한 가시가 줄지어 있으며, 배마디 양쪽에는 팔(八)자 모양 흰색 무늬가 있다. 각 배마디에 있는 기관아가미는 달걀 모양으로 투명하며 갈색 줄이 있다. 다리는 전체적으로 연한 갈색이며 각 마디 끝은 짙은 갈색이다. 꼬리는 3개이며 양쪽에 강모가 줄지어 있고, 중앙부와 끝부분에 짙은 갈색 띠가 있다. 생김새가 비슷한 종으로 감초하루살이와 나도꼬마하루살이가 있으며, 배마디의 흰색 점과 배마디 끝에 줄지어 난 뾰족한 가시로 구별한다. 꼬마하루살이과 종 가운데 가장 흔하며 조금 오염이 된 지역에서 많은 개체수가 보인다.

성충 수컷은 1~6배마디가 투명하며 7~9배마디는 짙은 갈색이다. 유충이 살던 곳 주변의 풀숲에서 보이며 꼬리를 좌우로 흔드는 습성이 있다.

성충 수컷

44 나도꼬마하루살이

Baetis pseudothermicus Kluge, 1983

주요 형질	서식지	분포
배마디 윗면 흰색 점무늬	하천 중상류 또는 계류	한국, 러시아

성숙 유충은 몸길이가 5~7mm이고 유선형으로 길쭉하며, 전체적으로 짙거나 연한 갈색이다. 배마디 양쪽에 있는 흰색 무늬가 팔(八)자 모양인 개똥하루살이와 달리 크고 둥근 무늬가 있다. 배마디 뒤쪽에 줄지어 난 미세한 가시열은 둥글다. 5, 9배마디는 색이 엷다. 각 배마디에 있는 기관아가미는 달걀 모양으로 투명하고 갈색 줄이 있다. 각 다리 넓적다리마디 가운데에 검은색 점이 있으며 각 마디 끝도 검은색이다. 꼬리는 3개이며 양쪽에 강모가 줄지어 있다. 꼬리 중앙부와 끝부분에 검은색 띠가 있다. 꼬마하루살이과 종 가운데 드물게 보이며 오염된 하천보다는 중상류 또는 깨끗한 계류에 산다.

45 감초하루살이

Baetis silvaticus Kluge, 1983

주요 형질	서식지	분포
배마디 윗면 가운데 검은색 점 2개	하천 상류 여울	한국, 러시아

성숙 유충은 몸길이가 6~8mm로 유선형이며 길쭉하다. 생김새가 비슷한 개똥하루살이보다 크다. 전체적으로 갈색이며 검은 반점이 퍼져 있다. 배마디 가운데에 팔(八)자 모양 검은색 무늬가 뚜렷하다. 5, 9, 10배마디는 다른 배마디보다 색이 밝다. 각 다리 넓적다리마디 가운데에 검은색 무늬가 있으며, 각 마디 끝에도 검은색 무늬가 있다. 꼬리는 3개이며 양쪽에 가늘고 긴 강모가 있고 특별한 무늬는 없다. 하천 상류의 맑고 깨끗한 여울에 산다.
성충은 특별한 무늬가 없으며 전체적으로 갈색이다.

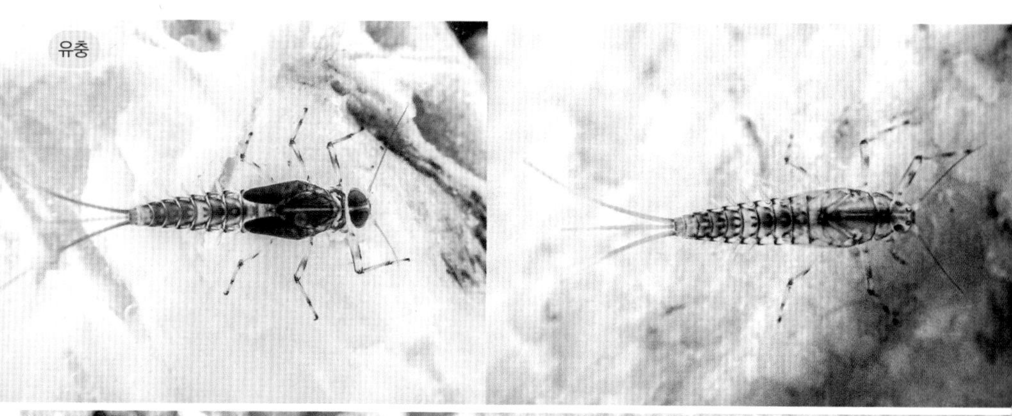
유충

아성충 수컷

46 방울하루살이

Baetis ursinus Kazlauskas, 1963

주요 형질
배마디 중앙 세로 무늬와
양쪽 흰색 둥근 무늬

서식지
하천 하류 바닥에
유기물이 많은 곳

분포
한국, 러시아

성숙 유충은 몸길이가 3~5mm로 다른 꼬마하루살이 종류보다 작다. 더듬이는 투명하며, 몸은 전체적으로 갈색 또는 황갈색이고 배마디 아랫면에 뚜렷한 무늬가 있다. 5~8배마디 윗면에는 검은색 바탕에 뚜렷한 흰색 점이 있으며. 9배마디에는 검은색과 흰색이 섞여 있고 10배마디는 흰색이다. 각 다리의 마디 끝은 검은색이다. 꼬리는 3개이며 특별한 무늬는 없고 양쪽으로 긴 강모가 있다. 대개 유기물이 많거나 조금 오염된 하천에 많이 살며 개체수가 많다.

아성충은 배마디가 불투명하며, 성충이 되면 배마디 일부가 매우 투명해지는데 7, 8배마디에는 짙은 갈색 무늬가 있다.

47 연못하루살이

Cloeon dipterum (Linnaeus, 1761)

주요 형질	서식지	분포
배마디에 밝은 점, 배마디 끝 가운데 모양	하천 가장자리 정수역이나 습지 또는 연못	전북구

유충

성숙 유충은 몸길이가10~12mm이다. 몸은 전체적으로 갈색 또는 녹색으로 불규칙한 무늬가 있다. 더듬이는 가늘고 길며, 각 배마디에는 뚜렷한 흰색 무늬가 1쌍씩 있다. 기관아가미는 나뭇잎 모양이며 1~6배마디에는 2쌍, 7배마디에는 1쌍 있다. 각 다리의 넓적다리마디와 발목마디 끝부분은 색이 짙다. 꼬리는 3개이며 중앙부에 검은색 무늬가 있고 가늘고 긴 강모가 줄지어 있다. 하천의 정수역이나 연못, 습지 등에서 많은 수가 모여 산다.

성충은 무늬가 화려하며 갈색과 녹색이 섞여 있다. 앞다리 넓적다리마디는 갈색이다. 수컷은 날개가 투명하며 암컷은 날개 윗가두리에 갈색 무늬가 있다.

성충 수컷

성충 암컷

입술하루살이

Labiobaetis atrebatinus (Eaton, 1870)

주요 형질	서식지	분포
아랫입술 두 번째 마디가 크고 하트 모양	하천 중류 및 하류 가장자리 수초가 있는 곳	한국, 러시아

성숙 유충은 몸길이가 7~8mm로 길쭉한 유선형이며 전체적으로 짙거나 옅은 갈색이다. 머리 앞쪽의 더듬이 연결 부위가 길게 튀어나왔으며 더듬이 1, 2마디 안쪽에 짙은 갈색 무늬가 있다. 아랫입술의 두 번째 마디가 크고 하트 모양이다. 각 배마디 윗면 중앙에 흰색 무늬가 1쌍씩 있고, 양쪽 가장자리는 흰색이며, 기관아가미는 나뭇잎 모양이다. 꼬리는 3개이며 갈색 무늬가 있고 양쪽에 가늘고 긴 강모가 있다. 하천 가장자리 수초지대에서 많은 수가 모여 산다.

성충 수컷은 배마디가 투명하며 뒤쪽 배마디에는 갈색 무늬가 있다. 암컷 배마디는 모두 갈색이며 뒤쪽 배마디는 색이 더 짙다.

49 흰줄깜장하루살이

Nigrobaetis acinaciger Kluge, 1983

주요 형질	서식지	분포
몸 중앙을 따라 흰색 줄	하천 중류 및 하류 바닥에 큰 돌과 자갈이 깔린 곳	한국, 러시아

유충

성숙 유충은 몸길이가 5~7mm이며 깜장하루살이와 생김새가 비슷하다. 몸은 전체적으로 짙은 갈색 또는 검은색에 가까우며, 몸 중앙을 따라 세로로 흰색 무늬가 있고, 9, 10배마디는 흰색이다. 투명한 기관아가미가 2~7배마디에 있으며, 6, 7배마디의 기관아가미는 끝이 뾰족하고 나머지는 타원형이다. 다리도 투명하다. 꼬리는 3개이며 양쪽에 강모가 줄지어 있고 꼬리 중간쯤에 검은색 무늬가 있다. 꼬마하루살이과 종 가운데 매우 희귀하다. 하천 중류 및 하류 큰 돌과 자갈이 깔린 여울에 산다.

50 깜장하루살이

Nigrobaetis bacillus (Kluge, 1983)

주요 형질	서식지	분포
배마디 끝이 흰색	하천 상류와 중류 여울	한국, 극동 러시아

유충

성숙 유충은 몸길이가 4~6mm로 생김새가 비슷한 흰줄깜장하루살보다 작고 몸 중앙을 따라 이어지는 흰색 줄이 없다. 전체적으로 옅거나 짙은 갈색이다. 흰색인 마지막 배마디를 제외한 나머지 배마디는 갈색이다. 꼬리는 3개이며 양쪽에 강모가 줄지어 있다. 정수역보다는 유수역을 좋아하며 조금 오염된 지역에서도 보이고 개체수가 많다.

성충은 갈색 또는 짙은 갈색이며 마지막 배마디가 다른 배마디보다 밝다. 날개는 투명하고 다리는 몸보다 색이 연하다.

성충 암컷

51 한라하루살이

Procloeon halla Bae & Park, 1997

주요 형질	서식지	분포
1~6배마디 기관아가미 2쌍, 짧은 발톱	제주도 일대 하천 가장자리	한국

유충 표본

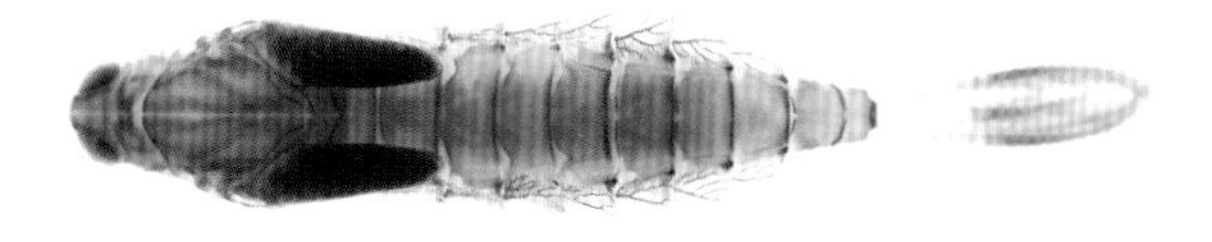

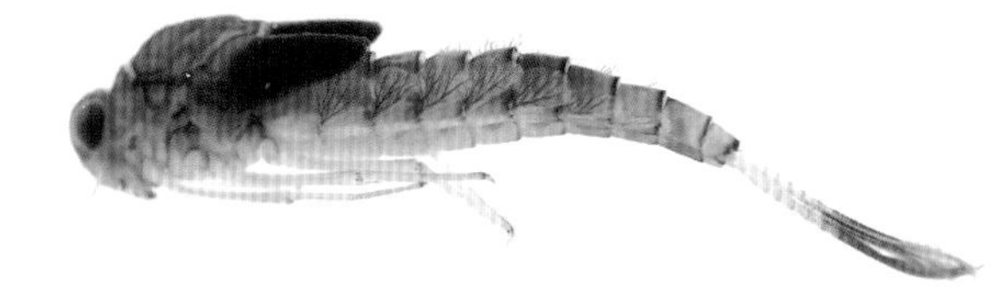

유충

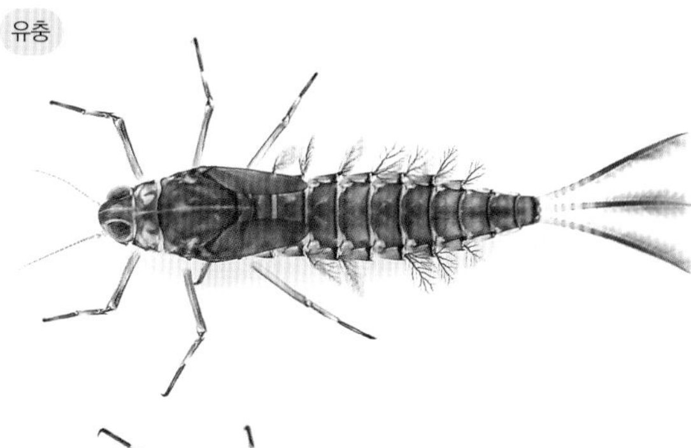

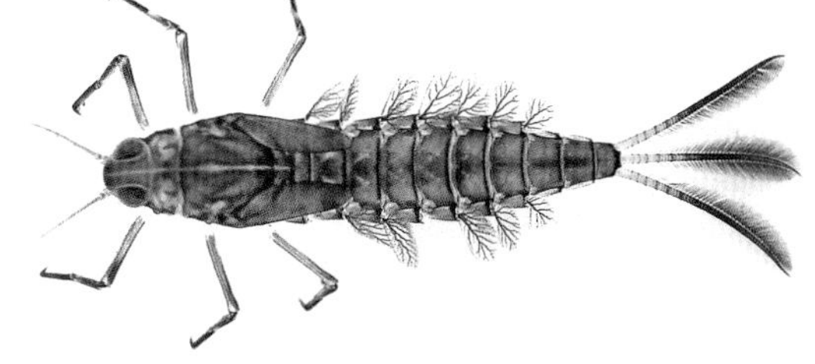

성숙 유충은 몸길이가 8~13mm로 꼬마하루살이 종류 가운데 큰 편이다. 몸은 유선형이지만 편평하며 전체적으로 짙은 갈색이다. 다른 꼬마하루살이 종류보다 발톱이 짧다. 기관아가미는 나뭇잎 모양이며 1~6배마디에 2쌍, 7배마디에 1쌍이 있다. 배마디 윗면으로 흰색 팔(八)자 무늬가 있으며, 가장자리에 돌기가 있다. 꼬리는 3개이며 4마디마다 갈색 무늬가 있고, 중간쯤부터 뒤로는 전체가 짙은 갈색이다. 꼬리 양쪽으로 가늘고 긴 강모가 있다. 우리나라 고유종으로 제주도에만 살며 제주도 전역의 하천 가장자리 정수역에서 많은 개체수가 보인다.

성충은 암컷만 밝혀졌으며 수컷은 기록된 적이 없다.

52 작은갈고리하루살이

Procloeon maritimum (Kluge, 1983)

주요 형질	서식지	분포
배마디 기관아가미 1쌍, 마지막 배마디 가운데가 직선	하천 상류 및 중류 여울	한국, 러시아

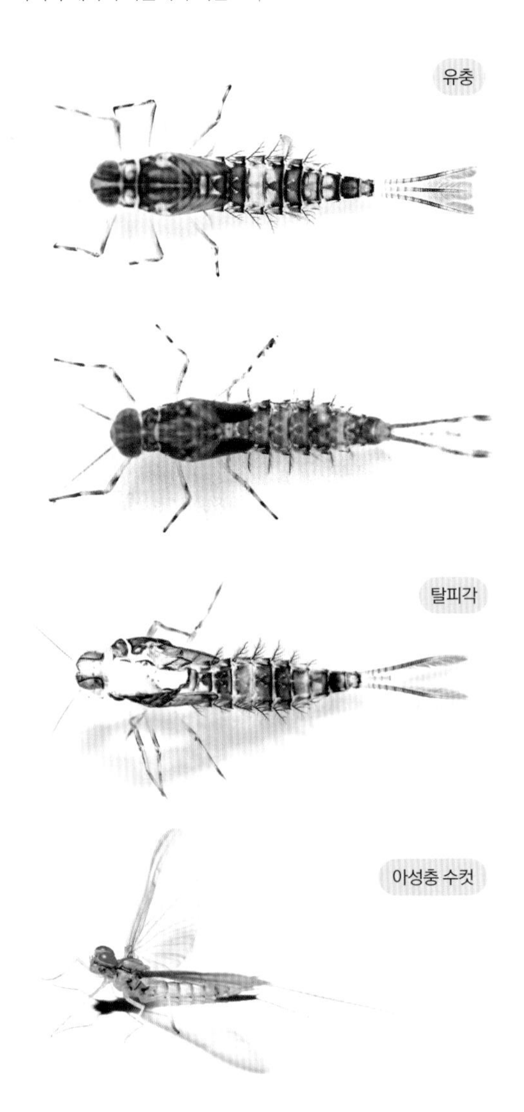

성숙 유충은 몸길이가 5~6mm로 다른 꼬마하루살이 종류보다 작으며 유선형으로 납작한 느낌이다. 전체적으로 연한 갈색이며 몸 윗면에 뚜렷한 무늬가 있다. 1~7배마디에 나뭇잎 모양 기관아가미가 1쌍씩 있으며, 각 배마디 옆쪽으로 뾰족한 가시 같은 후측돌기가 있으나 9배마디에는 후측돌기가 없이 뾰족한 가시열이 있다. 3배마디와 6배마디에 뚜렷한 흰색 팔(八)자 무늬가 있다. 마지막 배마디 가운데는 직선이다. 작은 하천보다는 폭이 넓은 하천 중류에 주로 살며 여울 지역에서 보인다.

아성충은 전체적으로 누렇고 배마디에 옅은 갈색 무늬가 있다. 꼬리는 2개이며, 각 다리의 종아리마디는 흰색이고 나머지 부분은 황갈색이다.

53 갈고리하루살이

Procloeon pennulatum (Eaton, 1870)

주요 형질	서식지	분포
1~6배마디 기관아가미는 2쌍, 긴 발톱	하천 상류와 중류	한국, 러시아

성숙 유충은 몸길이가 7~8mm이고, 생김새가 비슷한 작은갈고리하루살이보다 크다. 작은갈고리하루살이와는 배마디 기관아가미 차이로 구별한다. 1~6배마디 기관아가미는 2쌍이며, 7배마디 기관아가미는 1쌍인데, 살아서 움직일 때는 2쌍인 것이 보이지만 표본에서는 겹쳐져 있을 때가 많다. 배마디 아래 가장자리에 뾰족한 돌기가 있다. 발톱은 종아리마디 길이의 절반 크기이며, 다리에 특별한 무늬가 없다. 꼬리는 3개로 갈색 띠가 있으며 양쪽으로 가늘고 긴 강모가 있다. 작은갈고리하루살이보다 상류에서 보인다.
성충은 전체적으로 투명하다, 수컷의 1~6배마디는 투명하고 7~10배마디는 진한 갈색이다. 다리에 특별한 무늬가 없으며 꼬리는 2개이다.

성충 수컷

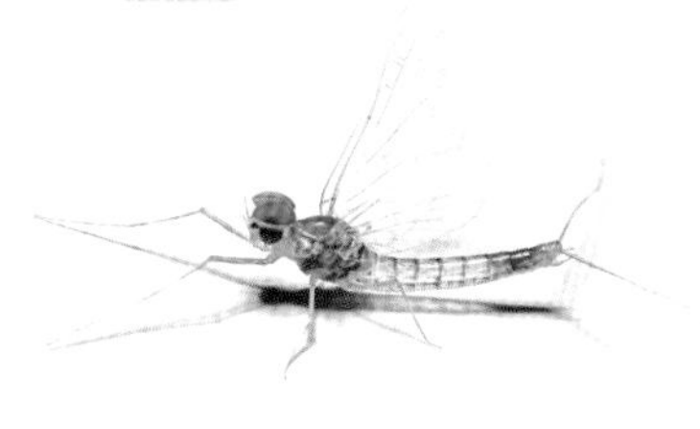

아성충 수컷

54 발톱하루살이

Metretopus borealis (Eaton, 1871)

주요 형질	서식지	분포
2개로 갈라진 발톱	하천 하류 정수역	전북구

북한에서 기록된 종으로 지금까지 국내 관찰 기록은 없다. 문헌에 따르면 몸이 유선형으로 길며 배마디 후측돌기가 크고 발톱이 2개로 갈라진다.

55 옛하루살이

Siphlonurus chankae Tshernova, 1952

주요 형질	서식지	분포
1, 2배마디 기관아가미 가운데가 얕게 파임	폭이 넓은 하천 중류 및 하류 바닥에 모래와 자갈이 깔린 곳 가장자리	한국, 극동 러시아

유충

성숙 유충은 몸길이가 13mm 이하이며 하루살이목 가운데 매우 크고 원시적인 종이다. 전체적으로 옅거나 짙은 갈색이며 배마디 후측돌기가 매우 크다. 배마디 윗면에는 짙은 갈색 무늬가 2개 있다. 기관아가미는 나뭇잎 모양이며 1, 2배마디 것은 가운데가 얕게 파였다. 다리는 단단하며 넓적다리마디, 종아리마디, 1, 5발목마디는 검은색이다. 꼬리는 3개이며 뒤쪽에 짙은 띠가 있고 양쪽에 긴 강모가 줄지어 있다. 국내 전역 폭이 넓은 하천의 가장자리에서 볼 수 있다.

성충은 전체적으로 짙은 갈색이며, 배마디 가장자리는 흰색, 다리는 황갈색이다. 꼬리는 2개로 아성충일 때에는 색이 짙지만 성충이 되면 옅어진다.

성충 수컷

아성충 수컷

56 제비하루살이

Siphlonurus immanis Kluge, 1985

주요 형질	서식지	분포
1, 2배마디 기관아가미 가운데가 깊게 파임	하천 중류 및 하류 바닥에 모래와 자갈이 깔린 곳	한국, 극동 러시아

성숙 유충은 몸길이가 20mm 이하이며 생김새가 비슷한 옛하루살이보다 크다. 하루살이목 가운데 매우 크고 원시적인 종이다. 전체적으로 엷거나 짙은 갈색이며 배마디 후측돌기가 매우 크다. 1, 2배마디 기관아가미는 2쌍이며 가운데가 옛하루살이 것보다 깊게 파였다. 다리는 단단하며 넓적다리마디, 종아리마디, 1, 5발목마디는 짙은 갈색이다. 꼬리는 3개이며 중간쯤에 짙은 띠가 있고 양쪽에 긴 강모가 줄지어 있다. 하천 중류 및 하류의 바닥이 모래인 곳에서 보인다. 성충은 전체적으로 짙은 갈색이며 배마디 가장자리는 흰색, 다리는 황갈색이다. 꼬리는 2개이며 가늘고 길다.

표범하루살이

Siphlonurus palaearcticus (Tshernova, 1930)

주요 형질	서식지	분포
날개주머니에 검은색 점	하천 중류 바닥에 모래와 자갈이 깔린 곳	한국, 극동 러시아

성숙 유충은 몸길이가 13mm 이하이며 옛하루살이와 생김새가 비슷하다. 날개주머니에 검은색 점이 있는 게 특징이다. 전체적으로 옅거나 짙은 갈색이며 배마디 후측돌기가 매우 크다. 1, 2배마디 기관아가미는 2쌍이다. 다리는 단단하며 넓적다리마디, 종아리마디, 1, 5발목마디에 짙은 갈색 띠가 있다. 꼬리는 3개이며 뒤쪽에 짙은 갈색 띠가 있고 양쪽에 긴 강모가 줄지어 있다. 깨끗한 하천 중류에서 보이며 유수역을 좋아하고 국지적으로 나타난다. 성충은 전체적으로 연한 갈색이며 날개에 검은색 무늬가 있다. 꼬리는 2개이며 짙은 갈색이다. 다리는 갈색이고 비슷한 종보다 무늬가 뚜렷하며 색이 짙다.

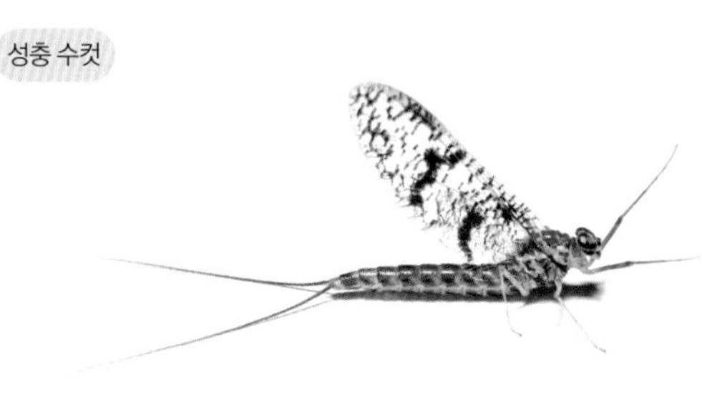

58 수리하루살이

Siphlonurus sanukensis Takahashi, 1929

주요 형질	서식지	분포
배마디 윗면 무늬	정보 없음	한국, 일본

과거에 일본학자에 의해 기록되었다. 이후 국내에서 발견된 적은 없으며, 문헌에 따르면 배마디에 뚜렷한 U자가 있는 게 특징이다.

빗자루하루살이

Isonychia japonica (Ulmer, 1919)

주요 형질	서식지	분포
몸 윗면에 흰색 세로줄	하천 중류 바닥에 자갈과 모래가 깔린 여울	한국, 일본, 중국, 극동 러시아

유충

성숙 유충은 몸길이가 20mm로 하루살이 목 가운데 큰 종이다. 전체적으로 옅거나 짙은 갈색이며 몸 중앙을 따라 머리부터 배 끝까지 흰색 세로줄이 뚜렷하다. 기관아가미는 달걀 모양으로 가장자리에 작은 가시가 있으며 후측돌기는 매우 가늘고 뾰족하다. 앞다리 넓적다리마디와 종아리마디에 가늘고 긴 강모가 줄지어 나며 각 다리마디에는 짙은 갈색 띠가 2개씩 있다. 꼬리는 3개이며 가운데 꼬리는 양쪽에 강모가 촘촘히 모여 나고 양쪽 꼬리에는 안쪽으로 강모가 줄지어 난다. 꼬리 끝부분에 짙은 갈색 띠가 있다. 유충은 자갈과 모래가 깔린 여울에서 주로 보이나 분포가 제한적이다.

성충은 전체적으로 짙은 갈색이며, 앞다리는 짙은 갈색, 가운데다리와 뒷다리는 희고 투명하다. 꼬리는 2개이며 꼬리 기부는 색이 짙고 나머지는 옅다.

성충 수컷

아성충 수컷

깃동하루살이

Isonychia ussurica Bajkova, 1970

주요 형질	서식지	분포
배마디에 흰색 가로줄	하천 중류 바닥에 자갈과 모래가 깔린 여울	한국, 극동 러시아

성숙 유충은 몸길이가 20mm로 하루살이목 가운데 큰 종이다. 빗자루하루살이와 생김새가 매우 비슷하지만 각 배마디에 있는 흰색 가로줄로 구별한다. 전체적으로 짙거나 옅은 갈색이며 몸 중앙을 따라 매우 가느다란 흰색 세로줄이 있고 더듬이가 길다. 배마디 기관아가미는 달걀 모양으로 가장자리에 작은 가시가 있으며 후측돌기는 매우 가늘고 뾰족하다. 배마디 윗면 흰색 가로줄의 테두리는 짙다. 앞다리 넓적다리마디와 종아리마디에는 가늘고 긴 강모가 줄지어 있으며 다리 각 마디에는 짙은 갈색 띠가 2개씩 있다. 꼬리는 3개이며 가운데꼬리 양쪽에는 강모가 모여 나고 양쪽 꼬리에는 안쪽으로 강모가 줄지어 있다. 꼬리 끝부분에 짙은 갈색 띠가 있다. 자갈과 모래가 깔린 여울에서 보이나 분포는 제한적이다.

유충

61 맵시하루살이

Bleptus fasciatus Eaton, 1885

주요 형질	서식지	분포
다리가 짧고, 첫 번째 기관아가미가 실 모양	산간계류 큰 바위 밑	한국, 일본

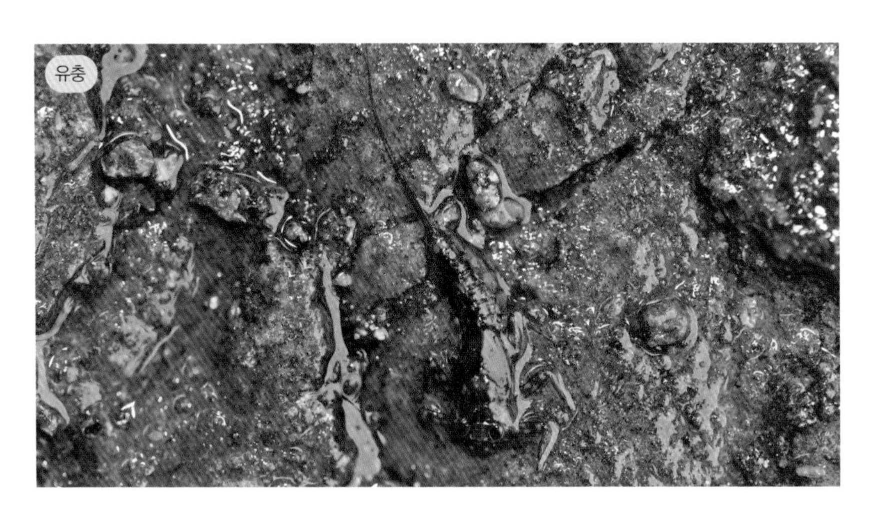

성숙 유충은 몸길이가 10~15mm이고 전체적으로 짙거나 옅은 갈색이다. 다른 납작하루살이 종류보다 몽톡하며 다리가 짧다. 머리와 앞가슴등판 폭이 넓으며 무늬가 없다. 배마디 윗면에 가시 모양 돌기가 있으며 1~7배마디에 기관아가미가 있다. 첫 번째 기관아가미는 실로 이루어진 술 모양이며 나머지는 달걀 모양이다. 9배마디는 다른 배마디보다 색이 옅다. 각 다리 넓적다리마디에 갈색 무늬가 있으며 종아리마디와 발목마디에는 무늬가 없다. 꼬리는 2개이며 강모나 털이 없다. 산간계류 바위 밑 물흐름이 약한 곳에 붙어서 지낸다.

성충은 가늘고 길며 배 윗면과 옆에 검은색 무늬가 있다. 앞날개와 뒷날개에 검은색 줄이 있다. 유충 서식지 주변 나뭇잎에서 보인다.

성충 수컷

봄처녀하루살이

Cinygmula grandifolia Tshernova, 1952

주요 형질	서식지	분포
머리 가운데 앞쪽이 오목하며 흰색 점 1쌍	하천 상류와 중류 여울	한국, 극동 러시아

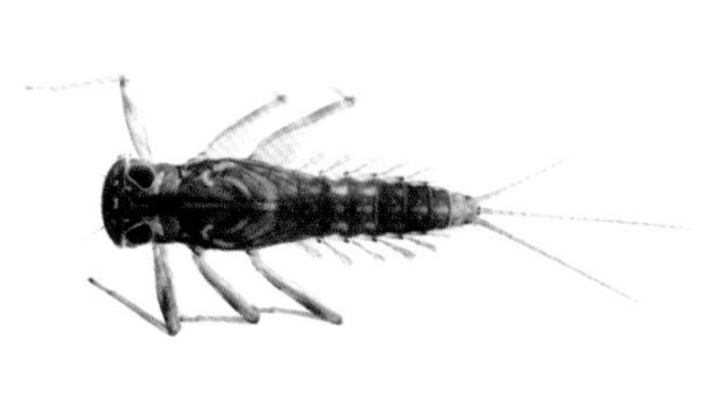

성숙 유충은 몸길이가 10~15mm이고 전체적으로 갈색 또는 흑갈색이며 다른 납작하루살이 종류에 비해 유선형이다. 머리 앞부분 가운데가 오목하며 그 부분 양쪽에 흰색 점이 있다. 배마디 윗면에는 W자 갈색 무늬가 있으며 양쪽에 흰색 점이 있다. 9, 10배마디에는 갈색 무늬가 없다. 각 다리 넓적다리마디에는 갈색 줄이 있으며 종아리마디와 발목마디에는 없다. 꼬리는 3개이며 강모나 긴 털이 없다.

성충은 3~4월에 발생하며 전체적으로 검은색이다. 특히, 앞다리는 다른 다리보다 색이 짙다. 날개 위쪽 가두리에 불규칙한 검은색 무늬가 있으며, 꼬리는 2개로 가늘고 길다.

성충 암컷

63 봄총각하루살이

Cinygmula hirasana Imanishi, 1935

주요 형질	서식지	분포
머리 앞쪽에 무늬가 없으며 조금 오목	하천 상류와 중류 여울	한국, 일본

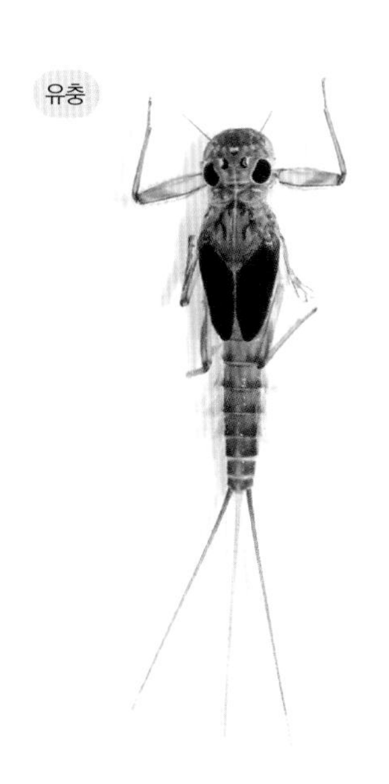
유충

성숙 유충은 몸길이가 10~15mm이고 전체적으로 갈색 또는 흑갈색이다. 유선형으로 다른 납작하루살이 종류보다 헤엄을 잘 친다. 머리 앞부분 가운데가 약간 오목하며 그 주변에 흰색 반점이 없다. 생김새가 비슷한 봄처녀하루살이와는 달리 배에 무늬가 없으며 9, 10배마디에만 옆은 부분이 있다. 기관아가미는 달걀 모양으로 술을 이룬 아가미와 붙어 있다. 다리는 투명하고 가운데다리 넓적다리마디에 갈색 줄이 있으며 종아리마디와 발목마디에는 없다. 꼬리는 3개이며 강모는 없다. 국내에서는 매우 드물게 보이는 종이다.

유충 표본

64 산처녀하루살이

Cinygmula kurenzovi Bajkova, 1965

주요 형질	서식지	분포
확인 불가	하천 상류와 중류 여울	북한, 극동 러시아

문헌상 북한에서만 기록이 있으며 국내에서는 발견된 적이 없다. 정확한 형질과 생태는 알 수 없다.

65 미리내하루살이

Ecdyonurus abracadabrus Kluge, 1983

주요 형질	서식지	분포
머리 앞쪽에 밝은 무늬와 4, 5, 8, 9배마디 색깔	하천 중류 바닥에 자갈과 모래가 깔린 곳	한국, 북한, 극동 러시아

성숙 유충은 몸길이가 10~15mm이다. 전체적으로 납작하고 갈색이며 다양한 무늬가 있다. 머리에 동그란 흰색 무늬가 4개 있으며 겹눈 양쪽으로 조금 넓은 흰색 무늬가 있다. 배마디 기관아가미는 달걀 모양으로 넓게 술을 이룬 아가미와 붙어 있으며, 마지막 기관아가미는 조금 길쭉하고 술을 이룬 아가미가 없다. 배에는 불규칙한 갈색과 흰색 무늬가 있으며, 4, 5, 8, 9배마디에는 넓은 흰색 무늬가 있다. 각 다리 넓적다리마디에 갈색 띠가 3개 있으며, 종아리마디와 발목마디 안쪽 일부는 색이 매우 엷다. 꼬리는 3개로 길며 마디 끝에 강모가 있고 두 마디 건너 한 번씩 갈색 띠가 있다.

백두하루살이

Ecdyonurus baekdu Bae, 1997

주요 형질	서식지	분포
배마디 윗면 능선에 뾰족한 가시	고도가 높은 지대 계곡	북한

북한 고산지대(고도 약 2,700m)에서 기록된 납작하루살이 종류로 유충의 독특한 형태에 근거해 1997년에 신종으로 발표되었다. 국내에서는 발견된 적이 없다. 문헌에 따르면 배 윗면 가시와 5, 6배마디 기관아가미 생김새가 특징이다. 성충도 아직 밝혀지지 않았다.

몽땅하루살이

Ecdyonurus bajkovae Kluge, 1986

주요 형질	서식지	분포
짧은 다리, 넓적다리마디 무늬, 날개주머니 흰색 띠	하천 중류와 하류의 정수역	한국, 일본, 극동 러시아

성숙 유충은 몸길이가 10~12mm이고 전체적으로 갈색 또는 흑갈색이다. 머리는 사각형이고 앞 가두리 부분에 흰 무늬가 4개 있다. 8~10배마디는 다른 배마디보다 짙은 갈색이다. 기관아가미는 달걀 모양으로 아래쪽에 나뭇잎 모양 같은 줄기가 있다. 뒤쪽 기관아가미 3쌍에는 갈색 무늬가 있다. 다리는 짧고 각 다리 넓적다리마디에 짙은 갈색 무늬가 뚜렷하다. 날개주머니 아래쪽과 배에 큰 흰색 띠가 있다. 꼬리는 3개이며 몸길이보다 짧고 양쪽에 짧고 긴 강모가 있다. 성충은 전체적으로 노란색이며, 가슴 옆쪽에서 겹눈으로 이어지는 갈색 띠가 특징이다.

68 참납작하루살이

Ecdyonurus dracon Kluge, 1983

주요 형질	서식지	분포
머리 앞쪽 가두리에 무늬가 없으며, 4, 5배마디에 U자 무늬	하천 상류와 중류 여울	한국, 극동 러시아

성숙 유충은 몸길이가 약 15mm이며 전체적으로 짙거나 옅은 갈색이다. 머리와 앞가슴등판이 가슴보다 넓으며, 머리에 특별한 무늬가 없다. 배마디 윗면에는 U자 무늬가 뚜렷하며, 대부분 기관아가미는 나뭇잎 모양이나 마지막 기관아가미는 작으며 달걀 모양이다. 각 다리 넓적다리마디에 짙은 갈색 무늬 2개가 뚜렷하다. 꼬리는 3개이며 각 마디에 가시가 있다.

성충은 봄처녀하루살이와 생김새가 비슷하며 검은색 바탕에 흰색 무늬가 있다. 배마디 윗면에 구불구불한 흰색 무늬가 있으며, 날개 위쪽 가두리에 검은 점이 2개 있다. 꼬리는 2개이며 몸길이보다 길다.

성충 수컷

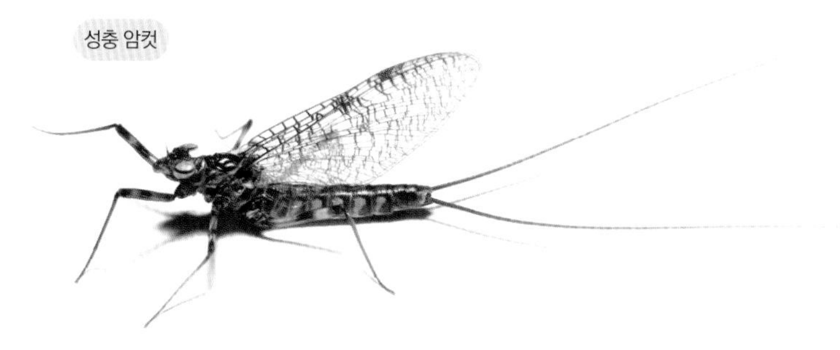
성충 암컷

꼬리치레하루살이

Ecdyonurus joernensis Bengtsson, 1909

주요 형질	서식지	분포
배 윗면 흰색 무늬, 아랫입술 가운데 혀가 U자 모양	하천 중류와 하류 바닥에 유기물이 있는 여울	한국, 극동 러시아, 몽골

성숙 유충은 몸길이가 약 8mm로 납작하루살이 종류 가운데 작은 편이다. 몸은 갈색 또는 연한 갈색이다. 머리와 앞가슴등판이 가슴보다 넓다. 머리 앞쪽 가운데에 흰색 점이 2개 있고, 그 아래 가로로 넓은 흰색 무늬가 있으며, 흰색 점무늬 주변은 짙은 갈색이다. 각 배마디 윗면에 가늘고 긴 흰색 세로무늬가 1쌍씩 있으며 옆쪽에도 흰색 무늬가 있다. 8배마디는 흰색이다. 기관아가미는 나뭇잎 모양이며 색이 옅다. 다리는 짧으며 각 다리 넓적다리마디에 짙은 갈색 띠 2개가 뚜렷하다. 꼬리는 3개이며 강모가 있고 각 마디 끝에 가시가 있다. 하천 중하류 모래와 잔자갈이 섞인 곳에서 보이나 매우 국지적으로 분포하며 개체수도 적다.

유충

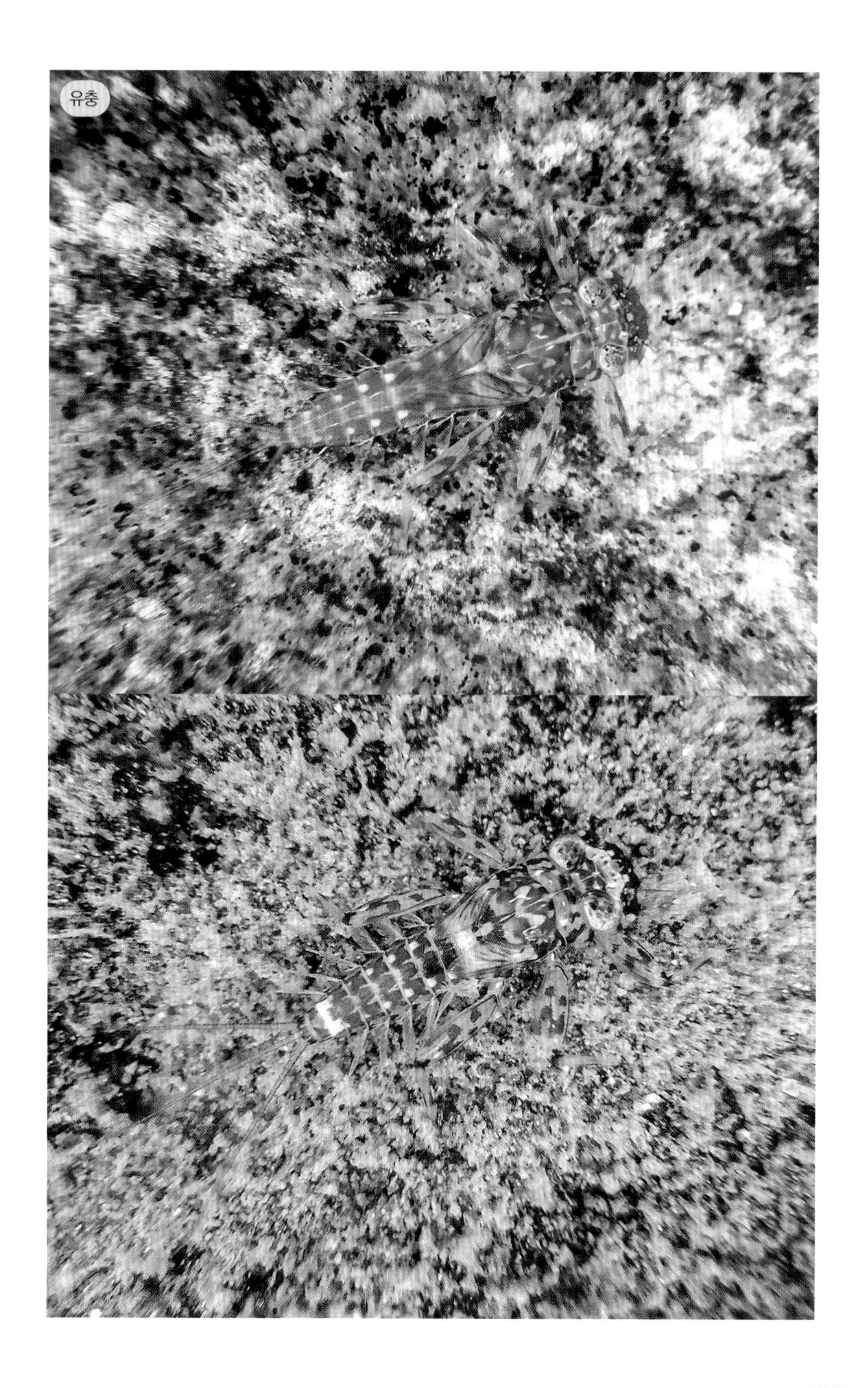
유충

두점하루살이

Ecdyonurus kibunensis Imanishi, 1936

주요 형질
머리 앞쪽 가두리에
흰색 점 2개

서식지
하천 상류와 중류, 하류 바닥에
모래와 잔자갈이 깔린 여울

분포
한국, 일본, 중국, 러시아

성숙 유충은 몸길이가 약 8mm이고 납작하루살이 종류 가운데 작은 편이다. 몸은 옅거나 짙은 갈색이다. 머리와 앞가슴등판이 가슴보다 넓으며, 머리 앞쪽 가운데에 흰색 점 2개가 뚜렷하다. 앞가슴등판과 가슴 부위에도 흰색 점들이 있다. 배마디는 전체적으로 짙은 갈색이며 흰색 점이 있고, 7, 8배마디만 흰색이다. 기관아가미는 나뭇잎 모양이다. 넓적다리마디에 짙고 뚜렷한 갈색 띠가 2개 있다. 꼬리는 3개이며 각 마디 끝에 가시가 있고 긴 강모는 없다. 매우 흔한 종이며 대부분 상류에 분포하지만 종종 오염된 수역에서도 보인다.

성충은 누런색 또는 연한 갈색이며 앞다리 넓적다리마디만 조금 짙은 갈색이다. 가슴에 검은색 무늬가 있으며, 꼬리는 2개로 연한 갈색이다.

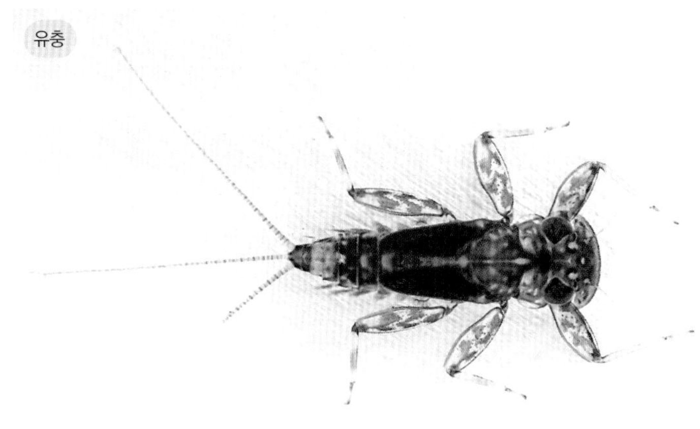
유충

아성충 암컷

71 네점하루살이

Ecdyonurus levis (Navás, 1912)

주요 형질	서식지	분포
머리 앞쪽 가두리에 흰색 점 4개	하천 중류 및 하류 바닥에 유기물이 많은 곳	한국, 중국, 러시아

성숙 유충은 몸길이가 약 12mm이며 전체적으로 갈색에 밝은 무늬가 있다. 머리 앞쪽 가장자리에 흰색 점이 4개 있다. 앞가슴등판과 몸통에는 호랑 무늬가 있으며, 5, 8, 9배마디 윗면에 흰색 무늬가 있다. 각 다리 넓적다리마디에 갈색 띠가 3개씩 있다. 꼬리는 3개이며 각 마디 끝에 강모와 갈색 띠가 있다. 매우 흔한 종으로 하천 중류 및 하류에 분포하며 조금 오염된 곳이나 유기물이 많은 곳에서 많이 보인다.
성충은 불빛에 날아오고, 흰색 바탕에 부분적으로 갈색 무늬가 있다. 다리는 갈색이며 마디 끝에 짙은 갈색 무늬가 있다. 꼬리는 2개로 흰색과 갈색이 번갈아 나타나며 몸통보다 길다.

성충 암컷

72 가락지하루살이

Ecdyonurus scalaris Kluge, 1983

주요 형질	서식지	분포
머리 앞쪽 둥근 무늬 1쌍, 배마디 띠	하천 상류와 계곡 여울	한국, 극동 러시아

성숙 유충은 몸길이가 약 8mm이며 납작하루살이 종류 가운데 작고 연약하다. 몸은 엷거나 짙은 갈색이다. 머리 앞쪽에 엷은 갈색 둥근 무늬가 있고 겹눈 옆에 넓은 무늬가 1쌍 있다. 배마디는 전체적으로 갈색이며 그보다 엷은 둥근 무늬가 있으며, 뒤쪽 배마디로 갈수록 무늬가 점점 작아진다. 다리는 길며 각 다리 넓적다리마디에 사선으로 짙은 띠가 3개씩 있다. 종아리마디에는 가늘고 긴 갈색 무늬가 있다. 꼬리는 3개로 가늘고 길며 각 마디에 강모와 갈색 띠가 있다. 계곡과 하천 상류의 수량이 적은 여울에 사는데, 성충은 자주 보이나 성숙한 유충은 매우 드물다.

성충은 전체적으로 누런색이며, 겹눈과 앞다리 넓적다리마디는 짙은 갈색이다. 배마디 윗면 중앙을 따라 짙은 갈색 무늬가 배 끝까지 이어진다. 배마디 윗면에는 유충과 같이 둥근 무늬가 있으나 마지막 배마디에는 없다. 꼬리는 2개이며 투명하다.

성충 수컷

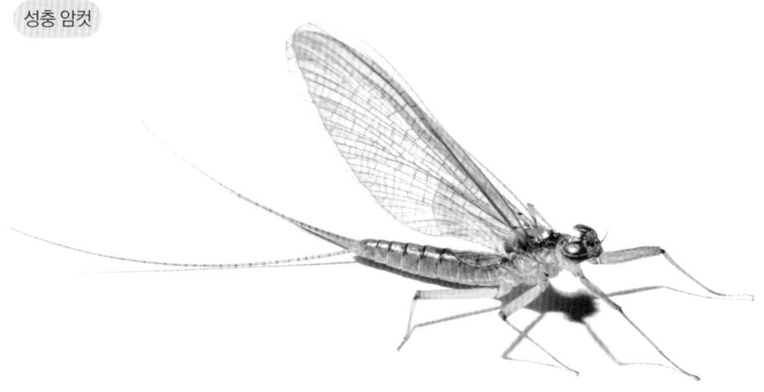
성충 암컷

73 나도네점하루살이

Ecdyonurus yoshidae Takahashi, 1924

주요 형질	서식지	분포
머리 앞쪽 가장자리에 둥근 점 4개, 4, 8, 9배마디 윗면에 밝은 무늬	하천 하류 바닥에 모래가 쌓인 곳	한국, 일본

국내에서는 북쪽 지역에서 출현기록이 있다. 흔히 보이는 네점하루살이와 생김새가 매우 비슷해 구별하기 어려우나 수컷 생식기 생김새에서 확연히 차이가 난다.

74 중부채하루살이

Epeorus aesculus Imanishi, 1934

주요 형질	서식지	분포
머리 앞쪽 흰 무늬, 첫 번째 기관아가미 길이	산간계류 여울	한국, 일본, 중국, 극동 러시아

아성충 암컷

성충 수컷

성숙 유충은 몸길이가 약 12mm이고 전체적으로 갈색이다. 머리 앞쪽 양옆으로 넓고 흰 무늬가 있으며 앞 가두리에 가늘고 긴 강모가 있다. 배마디 윗면은 갈색이며 양쪽에 희미한 흰색 반점이 있다. 기관아가미는 길게 늘어지며, 특히 1배마디 기관아가미는 배 아랫면까지 길게 늘어나는데 서로 닿지는 않는다. 각 다리 넓적다리마디에 갈색 띠와 점이 뚜렷하다. 꼬리는 2개이며 가시나 강모는 없다. 산간계류에서 보이나 매우 드물다.
아성충은 전체적으로 노란색이며 배마디마다 짙은 갈색 줄이 있다. 성충은 배가 투명해지며 마지막 배마디 2개는 누런색이다. 꼬리는 2개이며 길고 갈색이다.

75 긴부채하루살이

Epeorus maculatus (Tshernova, 1949)

주요 형질	서식지	분포
기관아가미가 배 아랫면에서 서로 맞닿음	산간계류 여울 및 평여울	한국, 극동 러시아

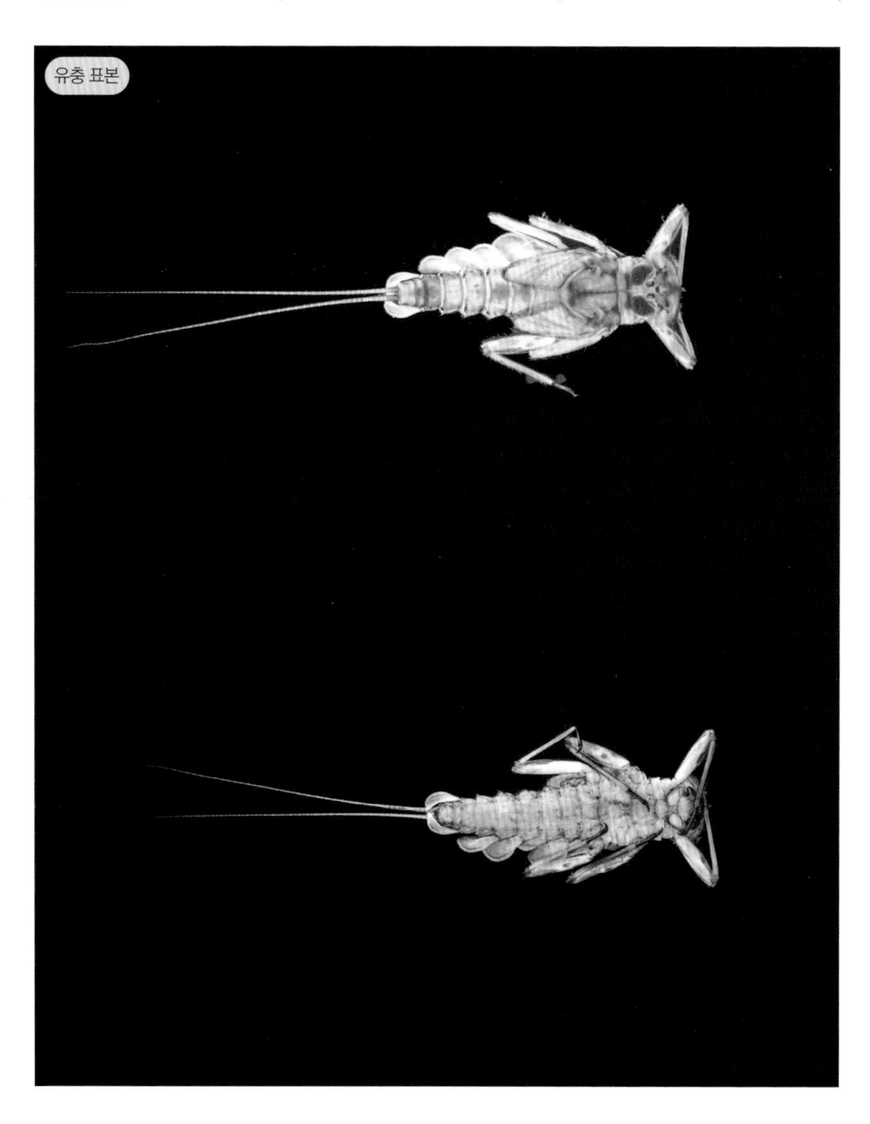

성숙 유충은 몸길이가 약 12mm이고 중부채하루살이와 생김새가 매우 비슷하나 1, 7배마디의 기관아가미가 매우 길어 배 아랫면에서 양쪽 기관아가미가 서로 맞닿는 것으로 구별할 수 있다. 주로 산간계류 찬물에 적응한 종으로 드물게 보이며, 남쪽보다는 북쪽 지역에서 더 많이 보인다. 수질 지표종으로 활용 가능하다.

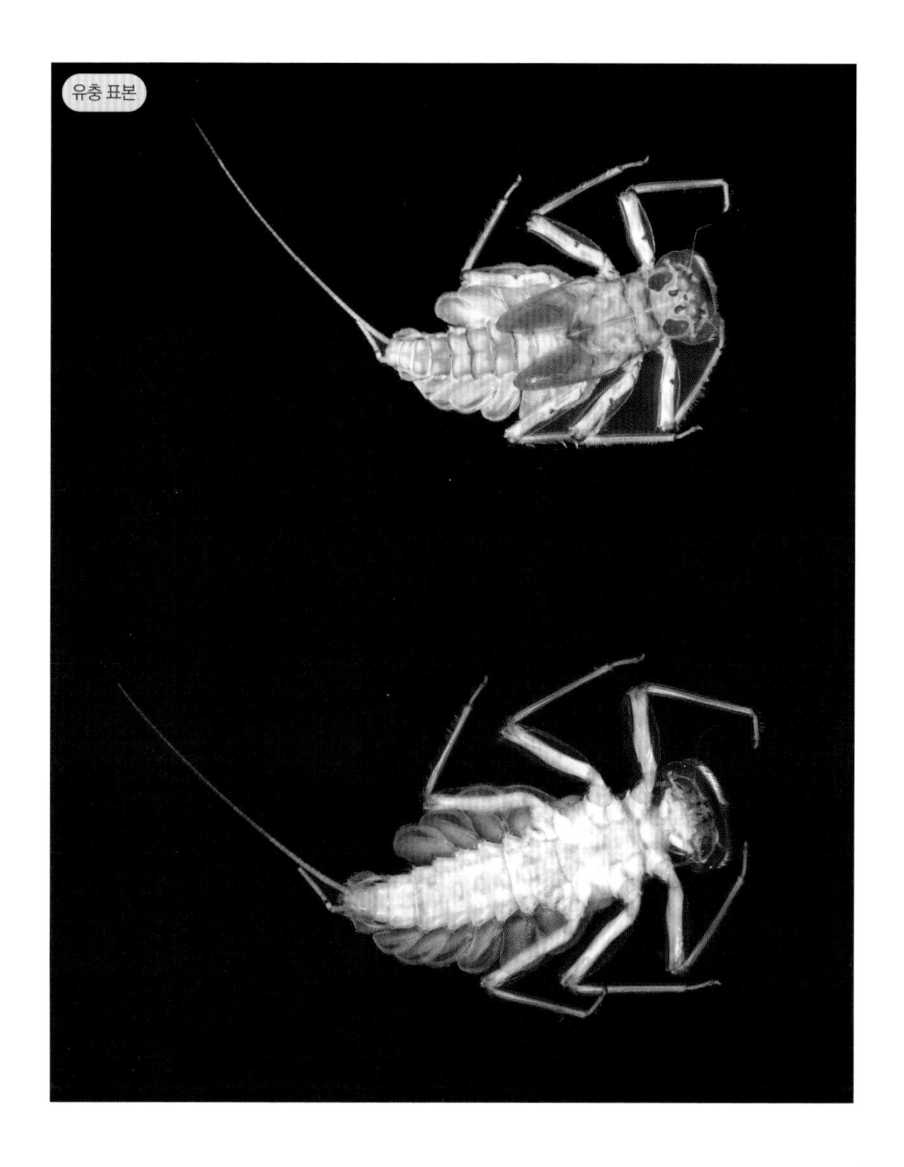

76 흰부채하루살이

Epeorus nipponicus (Uéno, 1931)

주요 형질
머리 앞쪽에 C자 무늬,
반점이 없는 기관아가미

서식지
하천 상류 청정 지역

분포
한국, 일본, 중국

성숙 유충은 몸길이가 약 15mm이고 전체적으로 갈색 또는 밝은 갈색이다. 머리는 앞쪽이 넓으며 다른 납작하루살이 종류와 달리 머리에 C자 흰색 무늬가 뚜렷하다. 배마디 윗면 양쪽에 갈색 무늬가 있으며 기관아가미는 흰색으로 무늬가 없다. 각 다리 넓적다리마디 중앙에 짙은 갈색 점과 띠가 뚜렷하다. 꼬리는 2개이며 강모나 털은 없다. 청정수역을 대표하는 종으로 지금은 개체수가 많지만 기하급수적으로 줄어들 것으로 보인다.
성충은 가슴과 마지막 두 배마디가 갈색이며 나머지는 투명하다. 꼬리는 2개로 길며 부분적으로 갈색 무늬가 보인다. 앞다리 넓적다리마디와 종아리마디 윗부분은 갈색이다.

성충 수컷

부채하루살이

Epeorus pellucidus (Brodsky, 1930)

주요 형질
기관아가미에 갈색 반점

서식지
하천 중류 및 하류 바닥에 유기물이 많고 오염된 곳

분포
한국, 중국, 러시아

성숙 유충은 몸길이가 약 15mm이고 전체적으로 옅거나 짙은 갈색이다. 머리는 앞쪽이 넓으며 흰색 무늬가 있고 촘촘히 모여 난 강모가 있다. 배마디 윗면 양쪽에 갈색 점이 있으며 다른 납작하루살이 종류와 달리 기관아가미에 검은색 반점이 퍼져 있다. 넓적다리마디 중앙에 흐릿한 갈색 점과 띠가 있다. 꼬리는 2개이며 강모나 털은 없다. 오염된 하천에 사는 대표적인 종으로 개체수가 풍부하며 흰하루살이와 달리 오염 지표종으로 활용된다.

유충

성충은 전체적으로 투명하며 각 다리 넓적다리마디에 갈색 띠가 있다.

성충 수컷

78 배점하루살이

Heptagenia guranica Belov, 1981

주요 형질	서식지	분포
머리부터 가슴까지 중앙을 따라 밝은 무늬	하천 하류	북한, 극동 러시아

북한에서 1980년대에 기록되었으며 국내에서는 발견된 적이 없다. 청정한 하천 하류에 서식한다고 하며 서늘한 지역을 좋아하는 것으로 추정한다.

79 햇님하루살이

Heptagenia kihada Matsumura, 1931

주요 형질	서식지	분포
기관아가미 끝부분이 뾰족	하천 상류 청정 지역	한국, 일본

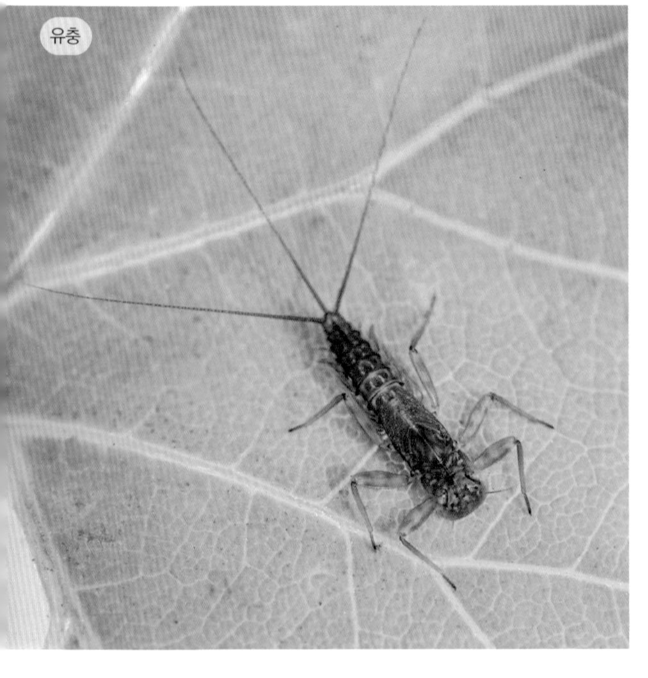

성숙 유충은 몸길이가 약 15mm이고 전체적으로 갈색이다. 계곡 같은 상류의 물흐름이 적은 곳에 산다. 머리에 불규칙한 무늬가 없으며 앞가슴등판은 넓고 옆 가두리가 투명하다. 배마디 윗면에 밝은 무늬가 있으며 기관아가미는 나뭇잎 모양이고 끝이 뾰족하다. 다리는 조금 길며 각 다리 넓적다리마디에 갈색 띠가 있다. 꼬리는 3개로 가늘고 길며 각 마디 끝에 강모가 있다. 청정수역 상류에서 보이므로 지표종으로 활용할 수 있다.

성충은 몸통과 꼬리가 매우 가늘고 길다. 수컷은 겹눈과 몸통 및 배에 파란색 무늬가 있다. 계곡에서 햇빛을 받아 반짝거리며 군무를 펼치는 장면을 볼 수 있다.

성충 수컷

총채하루살이

Heptagenia kyotoensis Gose, 1963

주요 형질	서식지	분포
배마디 기관아가미가 총채 모양	하천 중류 바닥에 자갈과 모래가 깔린 여울	한국, 일본

성숙 유충은 몸길이가 약 15mm이고 전체적으로 옅거나 짙은 갈색이다. 머리에 특별한 무늬가 없으며, 앞가슴등판과 몸통에 짙은 갈색 세로줄이 있다. 다른 납작하루살이 종류와 달리 배마디 기관아가미가 총채 모양이다.
배마디 윗면 양쪽 가두리는 흰색이며 안쪽에 흰색 점이 2개씩 있다. 다리는 굵고 길며 각 다리 넓적다리마디에 짙은 갈색 또는 검은색 무늬가 있다. 꼬리는 3개이며 각 마디 끝에 강모가 있다. 국내에서는 매우 드물게 보인다.
성충은 전체적으로 노란색이며 각 배마디 뒤쪽은 짙은 갈색이다.
각 다리 넓적다리마디에 갈색 띠가 있으며 종아리마디와 꼬리는 짙은 갈색이다.

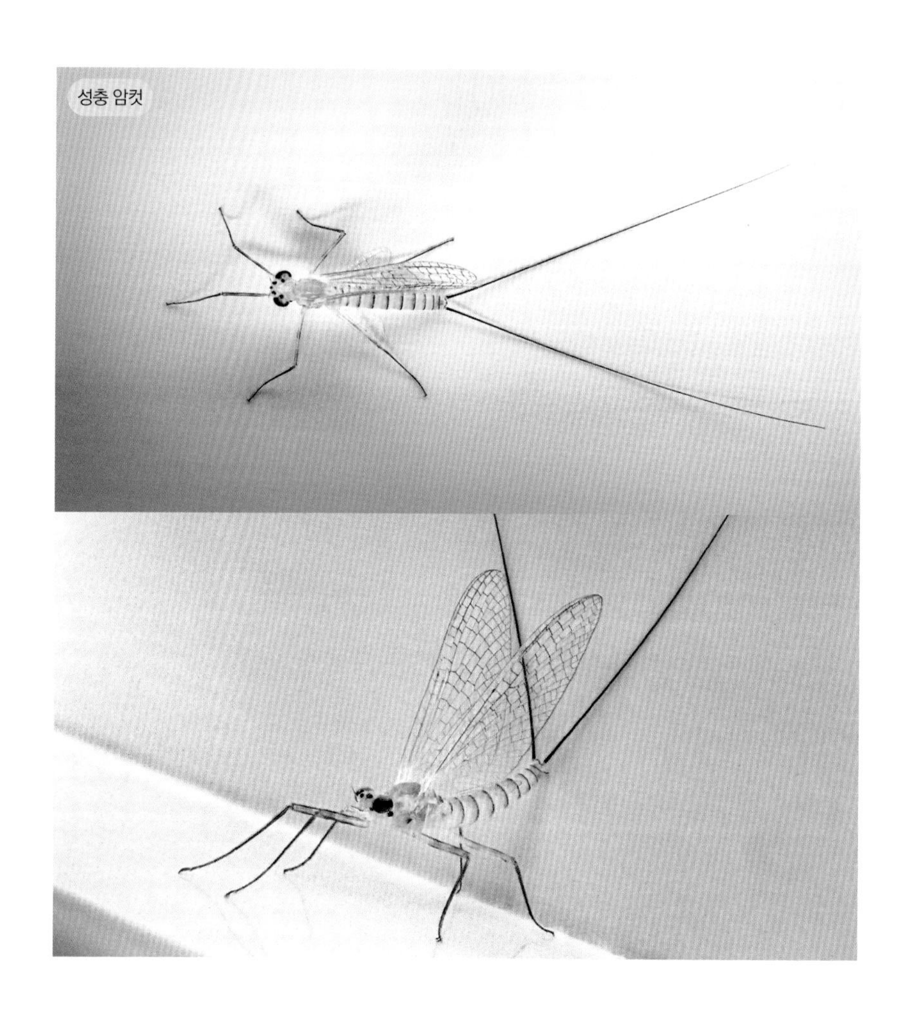

81 깊은골하루살이

Rhithrogena binotata Sinitshenkova, 1982

주요 형질	서식지	분포
특별한 무늬가 없으며, 큰 기관아가미	국내에서 발견된 적이 없음	북한, 극동 러시아

러시아에서 유충과 성충 기록이 있으며, 1997년 북한의 하루살이 목록을 제시한 논문을 통해 북한 분포가 밝혀졌다. 우리나라에서는 보고된 적이 없다.

82 골짜기하루살이

Rhithrogena japonica Uéno, 1928

주요 형질	서식지	분포
몸 전체에 특별한 무늬가 없으며, 넓적한 머리	하천 상류와 계곡	한국, 일본

성숙 유충은 몸길이가 약 10mm이고 전체적으로 엷거나 짙은 갈색이다. 다른 납작하루살이 종류와 달리 몸이 매우 연약하며 특별한 무늬가 없다. 머리는 몸통에 비해 조금 넓으며 겹눈 주변이 흰색이다. 뒤쪽 배마디 3개는 흰색이며 기관아가미는 실 모양과 나뭇잎 모양이 같이 있다. 각 다리 넓적다리마디 가운데에 갈색 점이 있으며, 꼬리는 3개이며 매끈하다. 주로 하천 상류에 살며 매우 드물다.

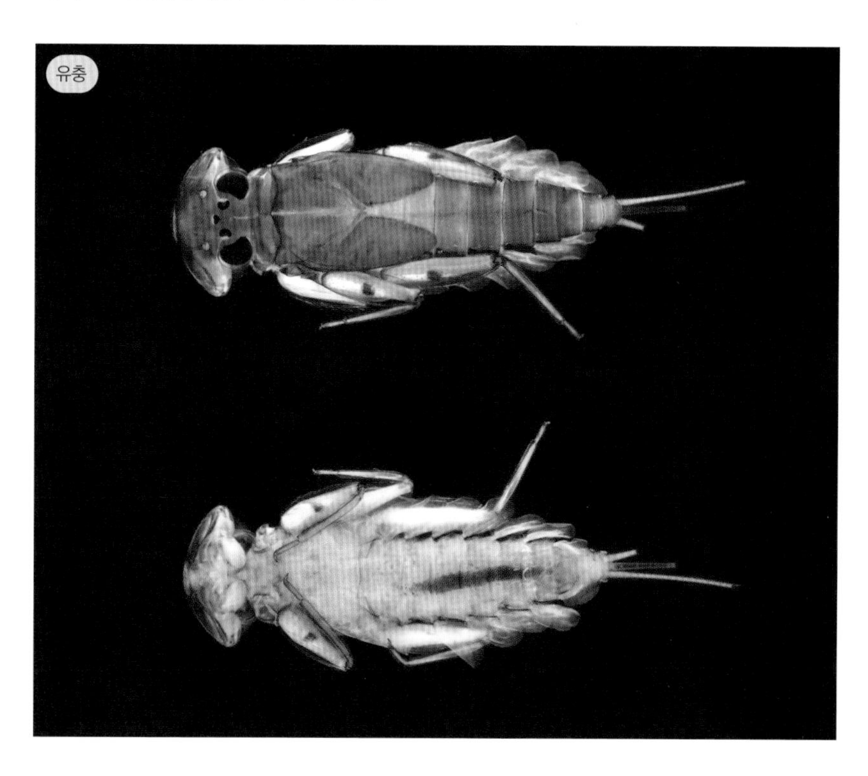

83 깊은산하루살이

Rhithrogena lepnevae Brodsky, 1930

주요 형질	서식지	분포
성충 기재만 있음	국내에서 발견된 적이 없음	북한, 극동 러시아

러시아와 북한에서 성충 암컷과 수컷으로 기록되었으며 아직까지 유충 기록은 없다.

참고문헌

Bae YJ, Andrikovics S. 1997. Mayfly (Ephemeroptera) Fauna of North Korea (2). Insecta Koreana 14: 153-160.

Bae YJ, Hwang JM. 2010. Checklist of the Korean Ephemeroptera. Entomological Research Bulletin 26: 69-76.

Bae YJ, Kluge NJ, Chun DJ. 1998. New synonymy and new data on the distribution of the mayflies from Korea and the Russian Far East (Ephemeroptera). Zoological Institute, St. Petersburg 7: 89-94.

Bae YJ, McCafferty WP. 1991. Phylogenetic Systematics of the Potamanthidae (Ephemeroptera). Transactions of the American Entomological Society 117(3-4): 1-143.

Bae YJ, McCafferty WP. 1998. Phylogenetic Systematics and Biogeography of the Neoephemeridae (Ephemeroptera: Pannota). Aquatic Insects 20(1): 35-68.

Bae YJ, Park SY, Hwang JM. 1998. Description of Larval *Nigrobaetis bacillus* (Kluge) (Ephemeroptera: Baetidae) with a Key to the Larvae of the Baetidae in Korea. Korean Journal of Limnology 31(4): 282-286.

Bae YJ, Park SY. 1997. Taxonomy of *Cloeon* and *Procloeon* (Ephemeroptera: Baetidae) in Korea. The Korean Journal of Systematic Zoology 14(4): 303-314.

Bae YJ, Park SY. 1998. *Alainites*, *Baetis*, *Labiobaetis* and *Nigrobaetis* (Ephemeroptera: Baetidae) in Korea. The Korean Journal of Systematic Zoology 14(1): 1-12.

Bae YJ, Soldan T. 1997. Mayfly (Ephemeroptera) Fauna of North Korea (1). Insecta Koreana 14: 137-152.

Bae YJ. 1995. *Ephemera separigata*, a New Species of Ephemeridae (Insecta: Ephemeroptera) from Korea. The Korean Journal of Systematic Zoology 11(2): 159-166.

Bae YJ. 1997. *Ecdyonurus baekdu* n. sp., an Ecdyonuruid Mayfly (Ephemeroptera: Heptageniidae) from Korea. The Korean Journal of Systematic Zoology 13(3): 253-258.

Bae YJ. 2010. Insect Fauna of Korea. Mayflies (Larvae): Arthropoda: Insecta: Ephemeroptera. Flora and Fauna of Korea Series. Vol. 4, No. 1. National Institute of Biological Resources, Incheon, pp. 1-141.

Bae YJ. 2021. Order Ephemeroptera. In: Check List of Insects from Korea. Korean Society of Applied Entomology & The Entomological Society of Korea. Paper and Pencil, Daegu, pp. 54-57.

Braasch D, Soldán T. 1988. Geptageniidae aus Nordkorea (KVDR), nebst einigen Bemerkungen zu ihrem generischen Status (Insecta, Ephemeroptera). Faunistische Abhandlungen Staatliches Museum für Tierkunde Dresden 16(2): 23-28.

Edmunds GF, Traver JR. 1959. The Classification of the Ephemeroptera I. Ephemeroidea: Behningiidae. Annals Entomological Society of America 52: 43-51.

Engblom E, Lingdell PE, Nilsson AN, Savolainen E. 1993. The genus Metretopus

(Ephemeroptera, Siphlonuridae) in Fennoscandia - identification, faunistics and natural history. Entomologica Fennica 4: 213-222.

Harker JE. 1992. Swarm behaviour and mate competition in mayflies (Ephemeroptera). The Zoological Society of London 228: 571-587.

Hwang JM, Bae YJ (2001) Taxonomic review of the Siphlonuridae (Ephemeroptera) in Korea. In: Bae YJ (ed). The 21st Century and Aquatic Entomology in East Asia. Proceedings of the 1st Symposium of Aquatic Entomologists in East Asia, Korean Society of Aquatic Entomology, Korea. pp. 45-53.

Hwang JM, Bae YJ. 1999. Systematics of the Caenidae (Ephemeroptera) in Korea. Korean Journal of Entomology 29: 239-245.

Hwang JM, Lee SJ, Bae YJ. 2003. Two Co-inhabiting Burrowing Mayflies, *Ephemera orientalis* and *E. sachalinensis*, in Korean Streams (Ephemeroptera: Ephemeridae). Korean Journal of Limnology 36(4): 427-433.

Hwang JM, Yoon TJ, Lee SJ, Bae YJ. 2009. Life history and secondary production of *Ephemera orientalis* (Ephemeroptera: Ephemeridae) from the Han River in Seoul, Korea. Aquatic Insects 31(1): 333-341.

Hwang JM. 2011. First Record of *Serratella zapekinae* (Ephemeroptera: Ephemerellidae) from Korea. Entomological Research Bulletin 27: 33-34.

Imanish K. 1936. Mayflies from Japanese Torrents VI. Notes on the Genera *Ecdyonurus* and *Rhithrogena*. Annotationes Zoologicae Japonense 15(4): 538-549.

Imanish K. 1937. Maflies from Japanese Torrents VII. Notes on the Genus *Ephemerella*. Annotationes Zoologicae Japonense 16(4): 321-329.

Ishiwata SI. 1996. A Study of the genus *Ephoron* from Japan (Ephemeroptera, Polymitarcyidae). The Canadian Entomologist 128: 551-572.

Jacobus KM, Macadam CR, Sartori M. 2019. Mayflies (Ephemeroptera) and Their Contributions to Ecosystem Services. Insects 10(170): 1-26.

Jacobus LM, McCafferty WP. 2008. Revision of Ephemerellidae Genera (Ephemeroptera). Transactions of the American Entomological Society 134(1): 185-274.

Jacobus LM, Zhou CF, McCafferty WP. 2004. Revisionary contributions to the genus *Torleya* (Ephemeroptera: Ephemerellidae). Journal of the New York Entomological Society 112(2): 153-175.

Jung SW, Jo JI, Hwang JM. 2023. First Record of *Teloganopsis chinoi* (Ephemeroptera: Ephemerellidae) Based on Larval Morphology and mtDNA in Korean Peninsula, with a Checklist of Korean Ephemerellidae. Animal Systematics, Evolution and Diversity 39(3): 86-91.

Park HR, Lee SW, Cho GH. 2019. Sand burrowing mayflies of the family Behningiidae (Ephemeroptera) from South Korea. Check List 15(5): 879-882.

Sartori M, Brittain JE. 2015. Order Ephemeroptera. In: Thorp J, Rogers DC (Eds), Ecology and General Biology: Thorp and Covich's Freshwater Invertebrates, Academic Press, 873–891.

찾아보기

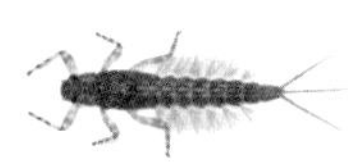

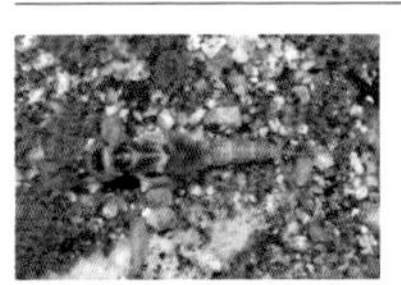

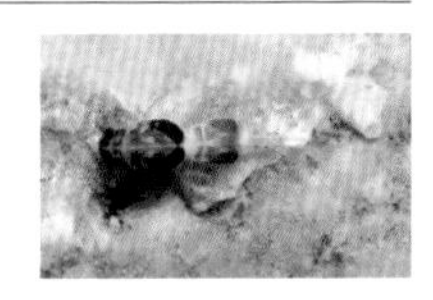

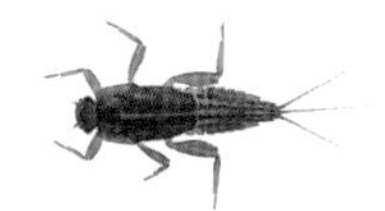

민하루살이
Cincticostella levanidovae
p.060

먹하루살이
Cincticostella orientalis
p.061

뿔하루살이
Drunella aculea
p.062

알통하루살이
Drunella ishiyamana
p.064

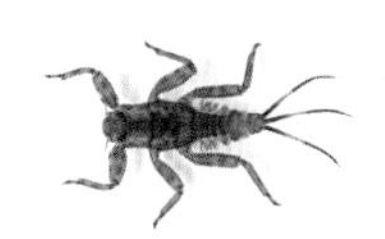

쌍혹하루살이
Drunella lepnevae
p.065

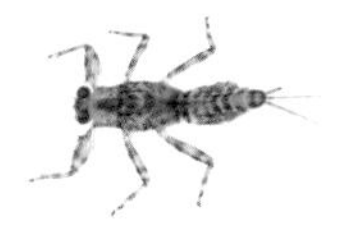

얼룩뿔하루살이
Drunella solida
p.066

삼지창하루살이
Drunella triacantha
p.067

긴꼬리하루살이
Ephacerella longicaudata
p.068

알락하루살이
Ephemerella atagosana
p.069

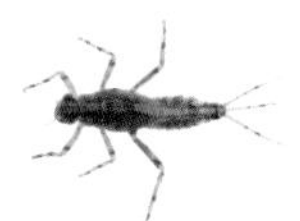

다람쥐하루살이
Ephemerella aurivillii
p.070

칠성하루살이
Ephemerella imanishii
p.071

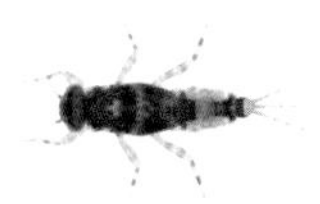

흰등하루살이
Ephemerella kozhovi
p.072

쇠꼬리하루살이
Serratella ignita
p.073

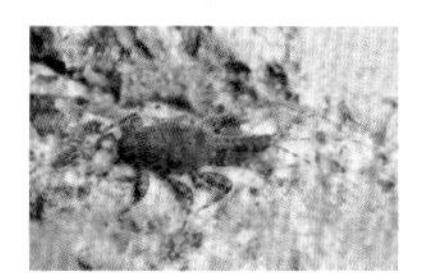

범꼬리하루살이
Serratella setigera
p.074

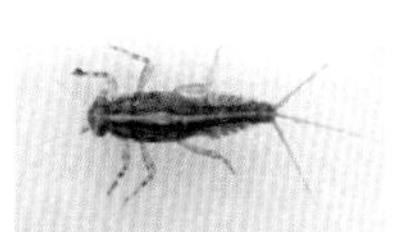

굴뚝하루살이
Serratella zapekinae
p.075

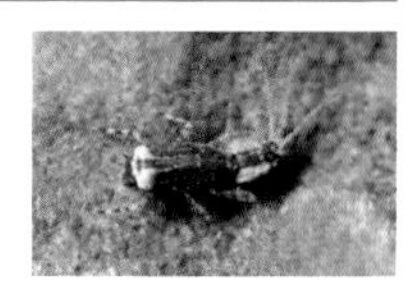

등줄하루살이
Teloganopsis punctisetae
p.076

짧은꼬리하루살이
Teloganopsis chinoi
p.077

세모알락하루살이
Torleya japonica
p.078

피라미하루살이
Ameletus costalis
p.079

멧피라미하루살이
Ameletus montanus
p.080

깨알하루살이
Acentrella gnom
p.081

콩알하루살이
Acentrella sibirica
p.082

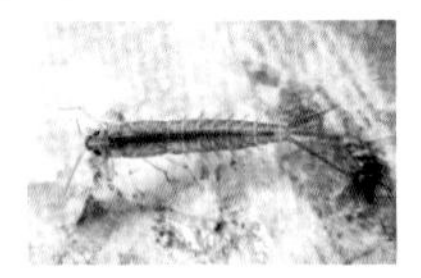

길쭉하루살이
Alainites muticus
p.083

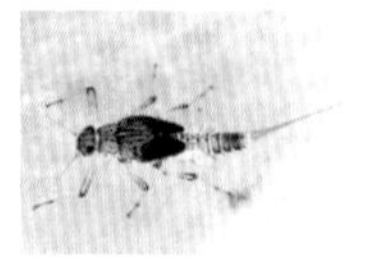

애호랑하루살이
Baetiella tuberculata
p.084

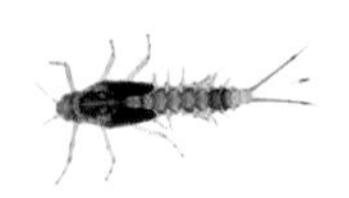

개똥하루살이
Baetis fuscatus
p.086

나도꼬마하루살이
Baetis pseudothermicus
p.088

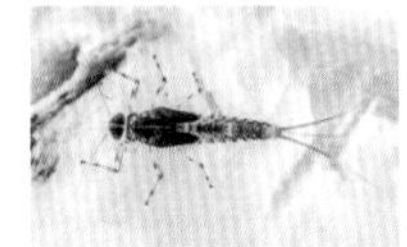

감초하루살이
Baetis silvaticus
p.089

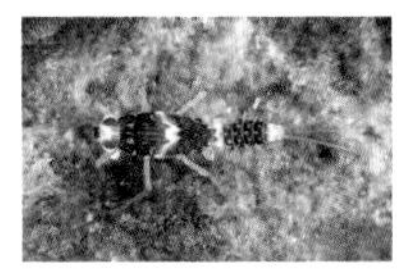

방울하루살이
Baetis ursinus
p.090

연못하루살이
Cloeon dipterum
p.092

입술하루살이
Labiobaetis atrebatinus
p.093

흰줄깜장하루살이
Nigrobaetis acinaciger
p.094

깜장하루살이
Nigrobaetis bacillus
p.096

한라하루살이
Procloeon halla
p.097

작은갈고리하루살이
Procloeon maritimum
p.098

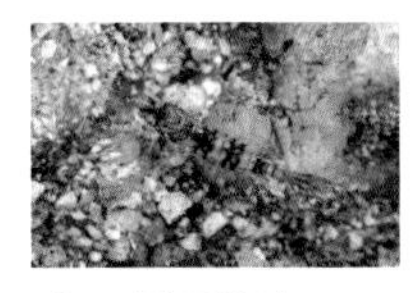

갈고리하루살이
Procloeon pennulatum
p.099

옛하루살이
Siphlonurus chankae
p.100

제비하루살이
Siphlonurus immanis
p.102

표범하루살이
Siphlonurus palaearcticus
p.103

빗자루하루살이
Isonychia japonica
p.104

깃동하루살이
Isonychia ussurica
p.106

맵시하루살이
Bleptus fasciatus
p.108

봄처녀하루살이
Cinygmula grandifolia
p.110

봄총각하루살이
Cinygmula hirasana
p.111

미리내하루살이
Ecdyonurus abracadabrus
p.112

몽땅하루살이
Ecdyonurus bajkovae
p.114

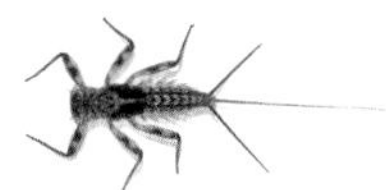

참납작하루살이
Ecdyonurus dracon
p.116

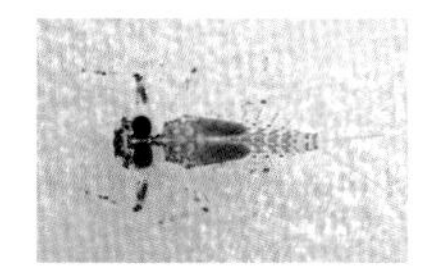

꼬리치레하루살이
Ecdyonurus joernensis
p.118

두점하루살이
Ecdyonurus kibunensis
p.120

네점하루살이
Ecdyonurus levis
p.122

가락지하루살이
Ecdyonurus scalaris
p.124

중부채하루살이
Epeorus aesculus
p.126

긴부채하루살이
Epeorus maculatus
p.128

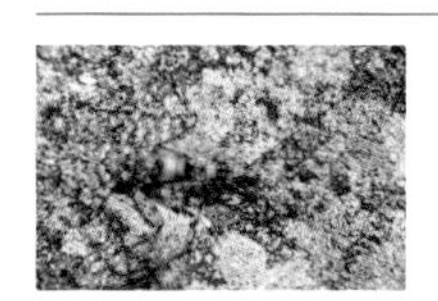

흰부채하루살이
Epeorus nipponicus
p.130

부채하루살이
Epeorus pellucidus
p.132

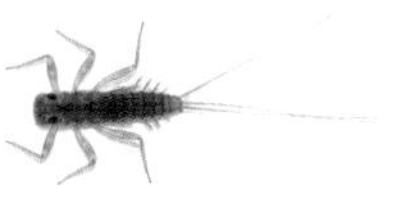

햇님하루살이
Heptagenia kihada
p.134

총채하루살이
Heptagenia kyotoensis
p.136

골짜기하루살이
Rhithrogena japonica
p.138

학명으로 찾기

국명으로 찾기